Lyneborg/Jønsson – Nachtfalter

BLV Naturführer:

Band 1 Tagfalter
Band 2 Nachtfalter
Band 3 Pilze

und in der Reihe

BLV Bestimmungsbücher:

Band 1 Pilze
Band 2 Wildpflanzen (vergr.)
Band 3 Meeresfische
Band 4 Süßwasserfische
Band 5 Aquarienfische
Band 6 Heilpflanzen
Band 7 Steine + Mineralien
Band 8 Sterne + Planeten
Band 9 Tierspuren
Band 10 Alpenpflanzen – Alpentiere
Band 11 Bäume + Sträucher
Band 12 Blumen am Mittelmeer
Band 13 Pflanzen Europas
Band 14 Hunderassen der Welt
Band 15 Insekten + Weichtiere
Band 16 Muscheln + Schnecken

BLV Naturführer

Nachtfalter

Text: Leif Lyneborg

Farbtafeln: Niels Jønsson

Übersetzung und Bearbeitung:
Dr. Wolfgang Dierl

BLV Verlagsgesellschaft
München Bern Wien

INHALTSVERZEICHNIS

BLV Naturführer 2

Titel der dänischen Originalausgabe
»Sommerfugle i farver 2«

Deutschsprachige Ausgabe:

Satz: Georg Wagner, Nördlingen
Druck des Textteils: Presse-Druck, Augsburg
Druck der Bildtafeln: F. E. Bording A/S, Kopenhagen
Bindearbeiten: Conzella, München

Printed in Germany · ISBN 3-405-11473-X

Vorwort

Das vorliegende Buch ist der zweite Band einer neuen Reihe Naturführer. Der erste vorgehende Band behandelt die Tagfalter, der darauffolgende wird sich den Pilzen widmen.

Der Naturführer Nachtfalter umfaßt jenen Bereich Europas, der westlich einer Linie von der Südspitze Schwedens bis zur Adria liegt; außerdem sind Skandinavien und Finnland eingeschlossen. In der deutschen Übersetzung wurden die Beschreibungen den mitteleuropäischen Verhältnissen angepaßt.

Auf 43 der 48 Farbtafeln sind über 300 Arten abgebildet, die in dem behandelten Gebiet zu finden sind. Es muß hervorgehoben werden, daß die ausgewählten Arten kaum 5 % der in unserem Gebiet vorkommenden Nachtfalter darstellen. Dafür gibt aber gerade diese Auswahl trotzdem einen guten Überblick über den Formenreichtum der Nachtfalterfauna. In den Beschreibungen wird darauf hingewiesen, daß die abgebildete Art eine Gruppe vertritt, die aus mehreren anderen oft sehr ähnlichen Arten besteht. Unter den Tafeln sind die Abbildungsmaßstäbe angegeben.

Der Text umfaßt außer einer kurzen Einleitung ausführliche Beschreibungen der abgebildeten Arten, ergänzt durch kurze Einleitungen zu den behandelten Familien.

Die Artbeschreibungen selbst beginnen mit dem Abschnitt *Merkmale,* der natürlich bei weitem keine vollständige Beschreibung ist, sondern nur die für das Erkennen wichtigen Merkmale hervorhebt und der als Stütze beim Gebrauch der Farbbilder dient. Die Abkürzung Vfl. bezieht sich auf die Länge der Vorderflügel. Wo beide Geschlechter verschieden sind, wird zuerst das Männchen beschrieben und dann das Weibchen.

Im Abschnitt *Verbreitung* wird besonders die Verbreitung im behandelten Gebiet dargestellt, jedoch auch die Gesamtverbreitung kurz erwähnt, wenn sie darüber hinausgeht. Die Angaben müssen zwangsläufig sehr summarisch sein, da manche Arten gleichmäßig verbreitet

sind, andere wiederum nur sehr sporadisch und in weit getrennten Gebieten vorkommen. Dies ist abhängig von den speziellen Ansprüchen, die die Arten an ihre Umwelt haben, z. B. vom ausreichenden Angebot von Nahrungspflanzen für die Raupen.
Der Abschnitt *Vorkommen* umfaßt vor allem Angaben über die Lebensräume (Biotope), in denen die Arten gefunden werden können, aber auch Beschreibungen besonderer Verhaltensweisen, wenn diese leicht zu erkennen sind.
Schließlich werden im Abschnitt *Lebensweise* biologische Angaben gemacht, z. B. über die Erscheinungszeit, die Zahl der Generationen, ihre Entwicklung, die Nahrungspflanzen der Raupen usw. Zeit- und Zahlenangaben sind auch hier nur summarisch aufzufassen, da diese Werte in ihrer Abhängigkeit vom jeweiligen lokalen Klima sehr schwanken können. Bei der Beschreibung der Raupen bedeutet L. die Körperlänge.

Wolfgang Dierl

Einleitung

Das System der Schmetterlinge

Schon in der Einleitung zu Band 1 des BLV Naturführers, Tagfalter, der ausschließlich die Tagschmetterlinge behandelt, wurde darauf hingewiesen, daß die Schmetterlinge eine der vier großen Insektenordnungen bilden. Die anderen drei Ordnungen sind die Käfer *(Coleoptera)*, die Hautflügler *(Hymenoptera)* und die Fliegen *(Diptera)*.
Die Ordnung der Schmetterlinge setzt sich aus über hundert Familien zusammen, deren lateinischer Namen immer mit der Endung *-idae* schließt. Die Familien können ihrerseits in größere systematische Einheiten zusammengefaßt werden. Insgesamt teilt man die Schmetterlinge heute in sechs Unterordnungen. Die letzte Unterordnung kann wieder in Überfamilien gegliedert werden. Zur besseren Übersicht und zur Darstellung ihrer Verwandtschaftsverhältnisse beschreiben wir hier kurz das gesamte System. Gewöhnlich beginnt man mit der ältesten Unterordnung, d. h. mit jenen Formen, die die meisten ursprünglichen Merkmale behalten haben.

1. Unterordnung *Zeugloptera*
Zu dieser Unterordnung gehört eine einzige Familie, die Urmotten, *Micropterigidae*, von denen eine Art (336) auch abgebildet ist. Für diese Schmetterlinge ist besonders charakteristisch, daß der fertige Falter *(Imago)* beißende Mundwerkzeuge besitzt, ein sehr ursprüngliches Merkmal. Mit ihnen ernährt er sich von Blütenpollen. Die Raupen sind ebenfalls abweichend, sie besitzen lange Fühler, an den Brustbeinen sind die vier inneren Abschnitte verwachsen und am Hinterleib gibt es acht Beinpaare. Die Puppen sind frei und haben bewegliche Kauladen *(Mandibeln)*.

2. Unterordnung *Dacnonypha*
Wie die vorhergehende Unterordnung besteht auch diese aus einer sehr kleinen Gruppe. Dazu gehört u. a. die Familie Trugmotten, *Eriocrani-*

idae, von der eine Art (335) abgebildet ist. Die Falter haben bereits einen einfachen Saugrüssel, aber noch freigliedrige Puppen, wie die vorhergehende Unterordnung. Die Raupen haben fast völlig reduzierte Beine und leben in Minen.
Alle folgenden Unterordnungen haben Mumienpuppen mit unbeweglichen Mundgliedmaßen.

3. Unterordnung *Aplostommatoptera*
Zu ihr gehört u. a. die Familie Wurzelbohrer, *Hepialidae.* Von ihr sind zwei Arten (306–307) abgebildet. Die Falter haben verkümmerte Mundgliedmaßen und meist nur sehr kurze Fühler. Das Geäder von Vorder- und Hinterflügel stimmt fast völlig überein und beide Flügel sind in besonderer Weise miteinander verbunden. Die Flügel werden deshalb als homoneurisch bezeichnet.
Die folgenden Unterordnungen haben heteroneurische Flügel, d. h. die Hinterflügel haben weniger Adern als die Vorderflügel und der Verbindungsmechanismus der beiden Flügel ist ein anderer.

4. Unterordnung *Nannolepidoptera*
Hierher gehört die Familie Zwergmotten, *Nepticulidae,* von der eine Art (331) abgebildet ist. Die Zwergmotten sind die kleinsten Schmetterlinge überhaupt. Ihre Raupen haben verkümmerte Beine und minieren in Blättern.

5. Unterordnung *Incurvariina*
Zu ihr gehört nur eine einzige Familie, die Familie der Miniersackmotten, *Incurvariidae.* Drei ihrer Arten sind abgebildet (319–321). Auch hier haben die Raupen verkümmerte Beine und minieren meist.

6. Unterordnung *Ditrysia*
Diese letzte Unterordnung ist weitaus die größte, denn alle vorhergehenden Unterordnungen zusammen bilden nur rund 1 % der Schmetterlinge, die anderen 99 % entfallen auf die letztere. Der Name bedeutet, daß die Weibchen zwei Geschlechtöffnungen haben, eine zur Paarung und eine zur Eiablage. Bei den anderen Unterordnungen haben sie nur wie bei den meisten anderen Insekten eine Öffnung für beide Aufgaben. Die Gruppe wird weiter in rund 15 Überfamilien geteilt, die fast alle in unserem Gebiet vertreten sind.

Überfamilie Tineoidea

Diese große Gruppe umfaßt viele Familien von überwiegend winzigen Schmetterlingen. Ihre Flügel sind schmal und die Flügelfläche wird durch sehr lange Fransen an den Flügelrändern vergrößert. Bezüglich ihrer Lebensweise sind die Raupen sehr verschieden. Die Artenzahl innerhalb der einzelnen Familien variiert. Einige Familien bestehen nur aus wenigen Arten. Es würde zu weit führen, die Familien im einzelnen zu besprechen, besonders jene, die vor oder nach diesem Abschnitt nicht genannt sind und die im Volksmund meist als Motten oder Schaben bezeichnet werden.

Überfamilie Cossoidea

Hierher gehört die Familie Holzbohrer, *Cossidae* (304–305).

Überfamilie Tortricoidea

Zu ihr gehören die Familien Wickler, *Tortricidae* (272–279) und *Cochylidae* (269–271).

Überfamilie Pyraloidea

Dazu gehören die Familien Zünsler, *Pyralidae* (248–262), Federmotten, *Pterophoridae* (263–267) u. a.

Überfamilie Geometroidea

Zu ihr gehören die Familien Sichelflügler, *Drepanidae* (86–89), die Wollrückenspinner, *Thyatiridae* (69–71) und die sehr große Familie der Spanner, *Geometridae* (179–247).

Überfamilie Bombycoidea

Hierher gehören mehrere kleine Familien wie die Augenspinner, *Saturniidae* (72–75) und die Glucken, *Lasiocampidae* (76–83). Es sind große, breitflügelige Schmetterlinge mit verkümmerten Mundgliedmaßen und ohne Gehörorgane. Die Flügel sind in der Regel nicht miteinander verbunden.

Überfamilie Sphingoidea

Zu ihr gehört die Familie Schwärmer, *Sphingidae* (1–11).

Überfamilie Zygaenoidea

Hierher gehört die Familie Widderchen, *Zygaenidae* (297–300).

Überfamilie Noctuidea

Eine sehr große Gruppe, die außer der Familie Eulenfalter, *Noctuidae* (91–178) auch die Familien Zahnspinner, *Notodontidae* (12–28), Trägspinner, *Lymantriidae* (31–40) und Bärenspinner, *Arctiidae* (41–68) umfaßt. Alle haben sie Gehörorgane (Tympanalorgane) auf dem letzten Brustsegment.

Überfamilie Papilionoidea

Zu ihr gehören die eigentlichen Tagfalter, deren Familien im ersten Band dieser Reihe besprochen wurden.

Überfamilie Hesperoidea

Zu ihr gehört nur die Familie Dickkopffalter, *Hesperiidae,* die ebenfalls im ersten Band besprochen wurde.

Etwas über den Begriff »Nachtfalter«

Sehr häufig werden die Begriffspaare Tagfalter-Nachtfalter, Großschmetterlinge-Kleinschmetterlinge bzw. *Makrolepidoptera-Mikrolepidoptera* und abgekürzt *Makros* und *Mikros* gebraucht, wenn man von verschiedenen Schmetterlingsgruppen spricht. Jedoch keine der genannten Gruppen deckt sich mit einer echten systematischen Einheit. Wie aus der Übersicht der Überfamilien hervorgeht, bestehen die Tagfalter lediglich aus den beiden letzten Überfamilien, den *Papilionoidea* und den *Hesperoidea.* Alle übrigen Schmetterlinge sind »Nachtfalter«. Diese Gruppe umfaßt rund 95 % von den in unsrem Gebiet vorkommenden etwa 2500 Großschmetterlingen. Deshalb kann man leicht verstehen, daß hier nur eine ganz kleine Auswahl gebracht werden kann.

Auch die Kleinschmetterlinge bilden keine systematische Einheit. Sie umfassen die Unterordnungen 1, 2, 4 und 5, sowie von 6 die Überfamilie *Tineoidea* (außer den Glasflüglern, *Sesiidae*), *Tortricoidea* und *Pyraloidea.*

Die Großschmetterlinge bestehen demnach aus den Unterordnungen 3, der Familie Glasflügler, *Sesiidae* aus der Überfamilie *Tineoidea* und den übrigen Überfamilien der 6. Unterordnung. Der Begriff Nachtfalter, *Heterocera* bezeichnet in der Regel jene Großschmetterlinge, die nicht Tagfalter sind. Die Bezeichnung Großschmetterlinge-Kleinschmetterlinge entstand deshalb, weil sich die meisten Sammler nur mit den größeren Arten befassen, und die kleinen wegen der schwierigen Präparation und Bestimmung wenig beliebt sind.

Der Bau der Nachtfalter

Der Körperbau der Nachtfalter unterscheidet sich nicht wesentlich vom Körperbau der Tagfalter, der im ersten Band Tagfalter beschrieben wird. Wegen der großen Vielfalt der Nachtfalter gibt es aber in Einzelheiten ziemliche Unterschiede.

Wie bei allen Insekten ist der Körper in drei Abschnitte geteilt: *Kopf, Brust* und *Hinterleib.* Am Kopf sitzen große zusammengesetzte Augen *(Facettenaugen)* und manchmal auch zusätzliche Punktaugen *(Ocel-*

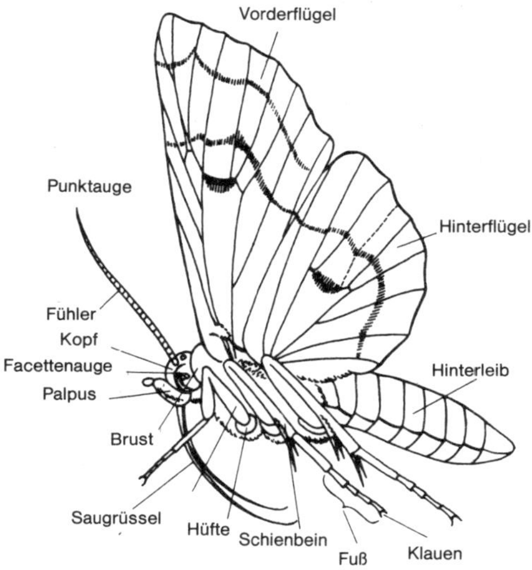

Schema des Körperbaus eines Nachtfalters, von der Seite gesehen

len). Die Fühler sind immer vielgliedrig, manchmal einfach und nie kolbig verdickt wie bei den Tagfaltern, oft auch mit Fiedern an einigen oder allen Gliedern. Die vergrößerte Fläche der Fühler dient dem Männchen als Riechorgan zum Aufspüren der Weibchen, die vor der Paarung bestimmte Duftstoffe absondern.

Die meisten Nachtfalter haben einen mehr oder weniger langen *Saugrüssel,* der, wenn das Tier ruht, unter dem Kopf eingerollt ist. Er wird durch Drucksteigerung im Innern ausgestreckt und wirkt wie ein Saugrohr. Durch besondere Muskeln im Kopfinnern entsteht im Kropf des Tieres ein Unterdruck, der Nahrung, die aus Nektar, Honigtau (Blattlausexkremente), Fruchtsaft und anderen Flüssigkeiten bestehen kann, einströmen läßt. Selbst Blut wird von einigen tropischen Nachtfaltern mit dem sehr harten und spitzen Rüssel aus der Haut gebohrt. Bei anderen Nachtfaltern sind die Mundteile rückgebildet und der Falter kann deshalb keine Nahrung mehr aufnehmen. Er lebt von den durch die Raupe gespeicherten Stoffen, die aber meist nur für einige Tage reichen. Bei den primitivsten Schmetterlingen, den Urmotten, sind die Mundgliedmaßen noch kauend und weisen darauf hin, daß die Stammformen der Schmetterlinge beißende Mundgliedmaßen gehabt haben.

Ein anderer wichtiger Teil am Kopf sind die Palpen, die an der Basis des Saugrüssels sitzen und Sinnesorgane tragen. Sie sind sehr verschiedenartig geformt und dicht behaart oder beschuppt und geben dem Schmetterlingskopf sein charakteristisches Aussehen.

Die Brust *(Thorax)* ist aus drei Abschnitten zusammengesetzt. Das mittlere und hintere Glied tragen die Flügel. Diese sind bei den Nachtfaltern sehr verschiedenartig geformt. Die primitivsten Falter haben homoneure Flügel, d. h. die Unterschiede zwischen Vorder- und Hinterflügel sind sehr gering bezüglich des Geäders. Hier sind die Flügel durch einen kräftigen Lappen am Hinterrand des Vorderflügels verbunden, der am Hinterflügel ansetzt. Die meisten Nachtfalter haben aber heteroneure Flügel mit großen Unterschieden des Geäders zwischen Vorder- und Hinterflügel. Die Flügel sind mit einer anderen Mechanik verbunden, wenn sie überhaupt verbunden sind. Sie sind auf beiden Seiten mit Schuppen bedeckt und an den Kanten oft behaart. Die Flügelschuppen sind breite, flache Haare. Mit einem Stiel sind sie in einer Tasche in der Flügelmembrane befestigt und wie Dachziegel sich teilweise überdeckend angeordnet. Die Färbung wird teilweise durch eingelagerte Farbpigmente und teilweise durch Interferenz physikalisch erzeugt. Besonders glänzende und schillernde Farben entstehen auf letztgenannte Weise.

Es würde zu weit führen, das Geäder im einzelnen zu beschreiben, da es sehr kompliziert und vielfältig ist. Auch kann man die Adern ohne besondere Behandlung der Flügel nicht immer sehen. Dagegen ist es wichtig, die Gliederung der Muster zu beachten, um bei der Bestimmung der Arten in diesem Buch zurechtzukommen.
Das Bild auf Seite 13 zeigt den Vorderflügel eines Eulenfalters (Familie *Noctuidae*). Die Flügelfläche ist in drei Abschnitte geteilt, innen das Wurzelfeld, außen das Saumfeld und dazwischen das Mittelfeld. Die drei Felder werden durch die innere und äußere Querlinie begrenzt. Zwischen den Querlinien liegt oft ein Mittelschatten und im Mittelfeld ist manchmal eine Nierenmakel, eine Ringmakel und eine Zapfenmakel. Im Saumfeld befindet sich in einigem Abstand vom Saum eine Wellenlinie. Sie kann innen mit einigen oder mehreren Pfeilflecken versehen sein. Direkt am Saum sind oft Saumflecken oder Saummonde.

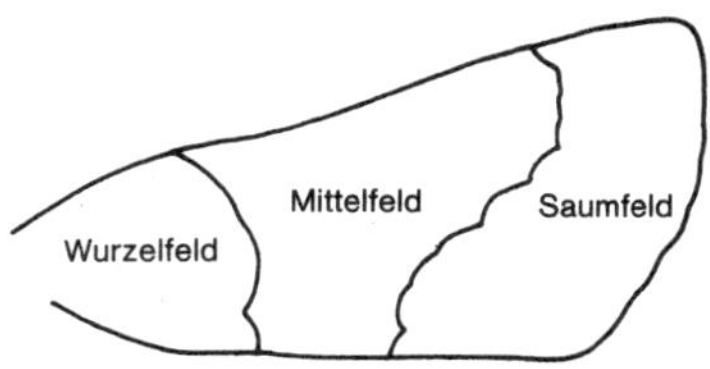

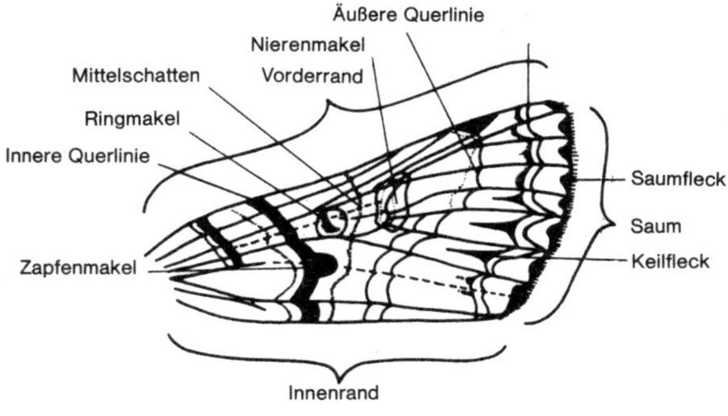

Ein typischer Eulenfalter-Vorderflügel mit Benennung der Zeichnungselemente

Dieses Zeichnungsmuster trifft besonders auf die Eulenfalter zu, kann aber mit Ausnahme der drei speziellen Makeln im Mittelfeld als Grundmuster bei vielen anderen Gruppen auftreten. Bei anderen Gruppen ist das Muster stark abgewandelt oder fehlt ganz und man findet oft, daß die Flügelfläche selbst sehr klein ist und durch mächtige Fransen stark vergrößert wird. Diese Fransen bilden mit dem Flügel eine funktionelle Einheit.
Der Hinterleib *(Abdomen)* ist aus 11 Gliedern zusammengesetzt, man kann aber meist nur sieben sehen. Die übrigen sind im Bau der Geschlechtsorgane einbezogen. Den Bau dieser Organe hier zu beschreiben würde zu weit führen. Es sind sehr komplizierte Apparate, die häufig zur genauen Bestimmung schwieriger Arten aus bestimmten Schmetterlingsgruppen benützt werden, besonders aber zur Identifizierung der Kleinschmetterlinge.

Die europäische Nachtfalterfauna

Im Band 1 dieser Reihe »Tagfalter« werden einige Betrachtungen über die europäische Tagfalterfauna in größerem Zusammenhang gebracht. Diese Betrachtungen gelten weitgehend auch für die Nachtfalter, wobei hinzugefügt werden muß, daß in einigen Familien die Artenzahl recht groß ist und keinen Vergleich mit anderen Gebieten scheuen muß. Das gilt besonders für manche Kleinschmetterlinge, in denen die europäische Fauna durchaus nicht so arm ist wie bei den Tagfaltern. Diese Verhältnisse kommen in den Familienbeschreibungen zum Ausdruck.

Namensgebung und Variationen bei den Nachtfaltern

Bezüglich der Namensgebung und der Variationen wird hier auf den entsprechenden Abschnitt in Band 1 »Tagfalter« verwiesen, da bei Tagfaltern und Nachtfaltern keinerlei prinzipielle Unterschiede vorkommen. Als einziger Unterschied sei vielleicht erwähnt, daß man bei den Nachtfaltern bis jetzt noch nicht so viele Unterarten benannt hat als bei den Tagfaltern.

Die Entwicklungsstadien der Nachtfalter

Die Schmetterlinge gehören zu den Insekten mit vollständiger Verwandlung. Das bedeutet, daß das Wesen, das aus dem Ei schlüpft, ganz verschieden von dem erwachsenen Tier ist. Dieses Wesen wird Raupe genannt und stellt das Wachstumsstadium dar. Während der Raupenzeit werden jene Stoffe aufgenommen, aus denen später der Falter aufgebaut wird.

Nachtfalterraupen sind noch vielgestaltiger als Tagfalterraupen und man vergleiche dazu den ersten Band dieser Reihe. Eine Raupe ist aus 13 Gliedern und dem Kopf zusammengesetzt. Die drei ersten Glieder bilden die Brust und tragen die drei Paare gegliederter Beine. Die letzten 10 Abschnitte bilden den Hinterleib. Auf dem 3. bis 6. und auf dem letzten Hinterleibssegment sitzen ungegliederte Beinstummel, die an der Sohle Hakenkränze tragen. Die Beine können je nach Familie ganz oder teilweise fehlen, z. B. bei den Spannern und minierenden Raupen. Bei den Urmotten tragen die Raupen mehr Beinstummelpaare als normal.

Am Kopf der Raupen sind beißende Mundwerkzeuge, die für das Zerkleinern der Pflanzennahrung geeignet sind. Im Kopf befinden sich Spinndrüsen, die Fäden absondern, die auf vielerlei Weise verwendet werden. Blätter werden damit zusammengesponnen, Raupennester angefertigt, Erdtunnels gebaut und Kokons für die Puppe. Das Material der Fäden wird als Seide bezeichnet.

Die Raupen durchlaufen mehrere Häutungen. Diese Häutungen sind notwendig, damit die Raupe wachsen kann. Die äußere Haut kann nämlich nicht vergrößert werden und muß mit zunehmendem Wachstum abgestreift werden. Vorher wird darunter eine neue größere Haut gebildet. Die Zahl der Häutungen ist verschieden, bei vielen Arten aber

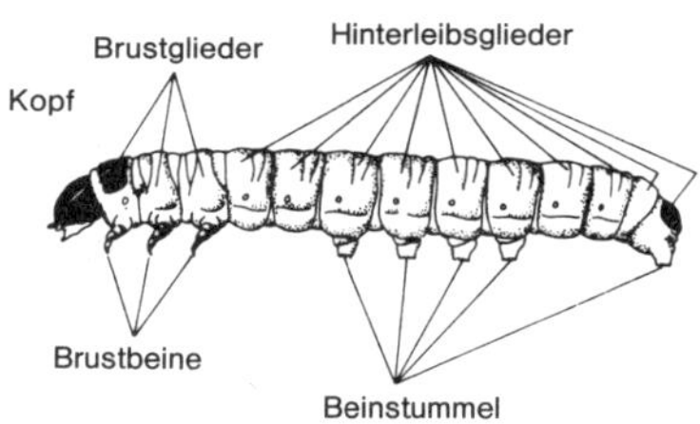

Eine typische Eulenfalterraupe

arttypisch gleichbleibend. Im Aussehen der Raupenstadien einer Art können Unterschiede auftreten.
Wenn die Raupe bereit ist sich zu verpuppen, spinnt sie einen Kokon, in dem dann die Verwandlung zur Puppe erfolgt. Die Puppe ist das letzte Jugendstadium. Im Innern der Puppe gehen große Veränderungen vor sich, Organe der Raupe werden ab- und umgebaut und schließlich entsteht der fertige Schmetterling. Die meisten Nachtfalterpuppen sind sogenannte Mumienpuppen, das heißt alle Körperanhänge (Beine, Flügel und Mundgliedmaßen) sind fest und unbeweglich an der Oberfläche der Puppe angeklebt. Das Puppenstadium dauert unterschiedlich lange. Der erwachsene Falter sprengt schließlich die Schale, kriecht hervor und spannt nun seine noch weichen Flügel zu voller Größe.

18

19

20

21

22

23

24

18. Porzellanspinner, *Pheosia tremula* – **19. Zickzackspinner** *Eligmondonta ziczac* – **20. Schneeweißer Zahnspinner,** *Leucodonta bicoloria* – **21. Silberfleck,** *Spatalia argentina* – **22. Kamelspinner,** *Ptilodon capucina* – **23. Karmeliterspinner,** *Odontosia carmelita* – **24. Haarschuppenspinner,** *Ptilophora plumigera* – Nat. Größe.

25. Palpenspinner, *Pterostoma palpina* – **26. Erpelschwanz,** *Clostera curtula* – **27. Buchenspinner,** *Stauropus fagi* – **28. Mondfleck,** *Phalera bucephala* – **29. Kiefernprozessionsspinner,** *Thaumetopoea pinivora* – **30. Eichenprozessionsspinner,** *Thaumetopoea prozessionea* – Nat. Größe.

31

32

33

33 a

34

35

36

37

38

31. Streckfuß, *Dasychira pudibunda* – **32. Fichten-Bürstenbinder,** *Dasychira abietis* – **33. Schlehenspinner,** *Orgyia antiqua* ♂ – **33 a)** ♀ – **34. Mondfleck-Bürstenbinder,** *Dasychira selentica* – **35. Schwan,** *Euproctis similis* – **36. Weidenspinner,** *Leucoma salicis* – **37. Schwammspinner,** *Lymantria dispar* – **38. Nonne,** *Lymantria monacha* – Nat. Größe.

39. Schilfbürstenspinner, *Laelia coenosa* – **40. Rotgrauer Schwammspinner,** *Ocneria rubea* – **41. Laub-Grauspinnerchen,** *Nola cucullatella* – **42. Seggenflechtenspinner,** *Thumatha senex* – **43. Weißliches Laub-Grauspinnerchen,** *Meganola albula* – **44. Dottergelber Mottenspinner,** *Setina irrorella* – **45. Elfenbeinflechtenspinner,** *Cybosia mesomella* – **46. Vierpunktmotte,** *Lithosia quadra* – **47. Kammerjungfer,** *Dysauxes ancilla* – **48. Mausgrauer Flechtenspinner,** *Pelosia muscerda* – **49. Rosenmotte,** *Miltochrista miniata* – Nat. Größe.

50

51

52

53

54

55

56

50. Pappelflechtenspinner, *Eilema complana* – **51. Rothals,** *Atolmis rubricollis* – **52. Stutzflügelzygäne,** *Syntomis phegea* – **53. Weißer Grasbär,** *Coscinia cribraria* – **54. Zimtbär,** *Phragmatobia fuliginosa* – **55. Wegerichbär,** *Parasemia plantaginis* – **56. Brauner Bär,** *Arctia caja* – Nat. Größe.

57

58

59

60

61

62

63

57. Gelber Fleckleibbär, *Spilosoma luteum* – **58. Punktierter Fleckleibbär,** *Spilosoma lubricipeda (menthastri)* – **59. Rotrandbär,** *Diacrisia sannio* – **60. Hellgrauer Fleckleibbär,** *Diaphora mendica* – **61. Schwarzer Bär,** *Arctia villica* – **62. Spanische Fahne,** *Callimorpha dominula* – **63. Zackenbindiger Bär,** *Eucharia casta* – Nat. Größe.

64

65

66

67

68

69

70

71

64. Jakobskrautbär, *Thyria jacobaeae* – **65. Quensels Bär,** *Orodemnias quenseli* – **66. Russischer Bär,** *Euplagia quadripunctaria* – **67. Punktbär,** *Utetheisa pulchella* – **68. Olivenbrauner Bär,** *Hyphoraia aulica* – **69. Achateule,** *Habrosyne pyritoides* – **70. Roseneule,** *Thyatira batis* – **71. Braungebänderter Wollrückenspinner,** *Tethea or* – Nat. Größe.

72

73

72. Isabellaspinner, *Graellsia isabellae* – **73. Großes Nachtpfauenauge,** *Saturnia pyri* – 85 % nat. Größe.

74. Kleines Nachtpfauenauge, *Saturnia pavonia* ♀ – **75. Nagelfleck,** *Aglia tau* ♂ – **76. Pappelspinner,** *Poecilocampa populi* – **77. Kupferglucke,** *Gastropacha quercifolia* – Nat. Größe.

78. Eichenspinner, *Lasiocampa quercus* ♂ – **79. Kiefernspinner,** *Dendrolimus pini* – **80. Grasglucke,** *Philudoria potatoria* ♀ – **81. Ringelspinner,** *Malacosoma neustria* – **82. Mondfleckglucke,** *Cosmotriche lunigera* – **83.** *Pachypasa lineosa* – 85 % nat. Größe.

84. Habichtskrautspinner, *Lemonia dumi* ♀ – **85. Birkenspinner,** *Endromis versicolor* ♂ – **86. Weißer Sichelflügel,** *Drepana falcataria* – **87. Erlen-Sichelflügel,** *Drepana curvatula* – **88. Echsen-Sichelflügel,** *Drepana lacertinaria* – **89. Weißer Glanzspinner,** *Cilix glaucata* – **90. Waldreben-Fensterschwärmerchen,** *Thyris fenestrella* – **91. Ypsiloneule,** *Agrotis ipsilon* – **92. Rötlichbraune Erdeule,** *Peridroma saucia* – Nat. Größe.

93

94

95

96

97

98

99

93. Weizeneule, *Euxoa tritici* – **94. Kupferfarbene Erdeule,** *Chersotis cuprea* – **95. Braungraue Gras-Erdeule,** *Agrotis exclamationis* – **96. Grüne Beifuß-Erdeule,** *Ochropleura praecox* – **97. Hausmutter,** *Noctua pronuba* – **98. Adereule,** *Naenia typica* – **99. Violettbraune Erdeule,** *Ochropleura plecta* – Nat. Größe.

100

101

102

103

104

105

106

100. Schwarze C-Erdeule, *Xestia c-nigrum* – **101. Erlen-Breitrückeneule,** *Mesogona oxalina* – **102. Grünlichgraue Erdeule,** *Anomogyna speciosa* – **103.** *Rhynchagrotis chardinyi* – **104. Blaugraue Heidelbeer-Erdeule,** *Eurois occulta* – **105. Heidelbeer-Bunteule,** *Anarta melanopa* – **106. Heidekraut-Bunteule,** *Anarta myrtilli* – Nat. Größe.

107

108

109

110

111

112

113

114

107. Violettbraune Kapseleule, *Hadena rivularis* – **108. Schwarze Garteneule,** *Melanchra persicariae* – **109. Hellrandige Graseule,** *Hecatera bicolorata* – **110. Graseule,** *Cerapteryx graminis* – **111. Abendnelken-Kapseleule,** *Hadena albimacula* – **112. Bräunlichgraue Frühlingseule,** *Orthosia gothica* – **113. Forleule,** *Panolis flammea* – **114.** *Conisania leineri* – Nat. Größe.

115

116

117

118

119

120

121

122

115. Weißfleckige Schilfgraseule, *Mythimna albipuncta* – **116. Kommaeule,** *Mythimna comma* – **117. Bräunliche Schilfrohreule,** *Mythimna vitellina* – **118. Schwarzbraune Krauteule,** *Dypterygia scabriuscula* – **119. Braune Achateule,** *Phlogophora meticulosa* – **120. Rotbindige Farneule,** *Callopistria juventina* – **121. Dunkelbraune Ulmeneule,** *Cosmia diffinis* – **122. Graue Wurzel-Graseule,** *Apamea monoglypha* – Nat. Größe.

123

124

125

126

127

128

129

130

123. Bräunlichgelbe Blatteule, *Enargia paleacea* – **124. Gelbgraue Graseule,** *Apamea ophiogramma* – **125.** *Apamea exulis* – **126. Heidelbeerkrauteule,** *Hyppa rectilinea* – **127. Rötlichbraune Johanniskrauteule,** *Actinotia polyodon* – **128. Braune Grasmotteneule,** *Elaphria venstula* – **129. Weizen-Graseule,** *Eremobia ochroleuca* – **130. Gelbgraue Wieseneule,** *Photedes elymi* – Nat. Größe.

131

132

133

134

135

136

137

138

131. Bräunlichgelbe Schilfeule, *Archanara sparganii* – **132. Gemeine Markeule,** *Gortyna flavago* – **133. Grüne Wieseneule,** *Calamia tridens* – **134. Graswurzeleule,** *Amphipoea fucosa* – **135. Grüne Prachteule,** *Staurophora celsia* – **136. Bräunlichgrauer Wermuth-Mönch,** *Cucullia fraudatrix* – **137. Silbermönch,** *Cucullia argentea* – **138. Grauer Mönch,** *Cucullia umbratica* – Nat. Größe.

139

140

141

142

143

144

145

139. Graubestäubter Wollkraut-Mönch, *Cucullia lychnitis* – **140. Hellbraune Leinkraut-Kappeneule,** *Calophasia lunula* – **141. Graugelbe Rauhhaareule,** *Dasypolia templi* –**142. Fahlbraune Lilieneule,** *Episema glaucina* –**143. Fahlgelbe Moderholzeule,** *Xylena vetusta* – **144. Dunkelgraue Erlen-Rindeneule,** *Lithophane furcifera* – **145. Aprileule,** *Dichonia aprilina* – Nat. Größe.

146

147

148

149

150

151

152

153

154

146. Heidelbeereule, *Conistra vaccinii* – **147. Braungraue Schilfrohreule,** *Trigonophora flammea* – **148. Gelbliche Steineule,** *Polymixis flavicincta* – **149. Reseda-Blasenstirneule,** *Helicoverpa armigera* – **150. Beifuß-Blasenstirneule,** *Protoschinia scutosa* – **151. Hornkraut-Bunteule,** *Panemeria tenebrata* – **152. Graubraune Goldeule,** *Xanthia aurago* – **153. Rittersporneule,** *Periphanes delphinii* – **154. Klosterfrau,** *Panthea coenobita* – Nat. Größe.

155. Blaukopf, *Diloba coeruleocephala* – **156. Pfeileule,** *Acronicta psi* – **157. Gelbe Ackerwinden-Motteneule,** *Emmelia trabealis* – **158. Weißliche Algeneule,** *Bryotropha domestica* – **159. Silbergestreifte Grasmotteneule,** *Eustrotia bankiana* – **160. Eichen-Kahnspinner,** *Pseudoips bicolorana* – **161. Rötlich aschgraue Höckereule,** *Syngrapha microgamma* – **162. Wiesen-Höckereule,** *Chrysoptera c-aureum* – **163. Goldbraune Schwingeleule,** *Plusia festucae* – Nat. Größe.

164

165

166

167

168

169

170

171

164. Braune Silberfleck-Höckereule, *Autographa bractea* – **165. Gammaeule,** *Autographa gamma* – **166. Messingeule,** *Diachrysia chrysitis* – **167. Klee-Bunteule,** *Callistege mi* – **168. Gelbe Grasspannereule,** *Rivula sericealis* – **169. Zackeneule,** *Scoliopteryx libatrix* – **170.** *Dysgonia algira* – **171. Gelbes Ordensband,** *Ephesia fulminea* – Nat. Größe.

172

173

174

172. *Ophiusa tirhaca* – **173. Rotes Ordensband,** *Catocala nupta* – **174. Blaues Ordensband,** *Catocala fraxini* – Nat. Größe.

175. Violettgraue Wickeneule, *Lygephila pastinum* – **176. Schnauzeneule,** *Hypena proboscidalis* – **177. Spannereule,** *Polypogon tarsipennalis* – **178. Kraut-Zünslereule,** *Hypena lividalis* – **179. Birken-Tageule,** *Archiearis parthenias* – **180. Rostbrauner Espenspanner,** *Epirrhantis diversata* – **181. Grüner Birkenspanner,** *Geometra papilionaria* – **182. Mohrenspanner,** *Odezia atrata* – **183.** *Comibaena pustulata* – **184. Ampferspanner,** *Timandra griseata* – Nat. Größe.

185

186

186 a

187

188

189

190

191

192

185. *Triphosa dubitata* – **186. Kleiner Frostspanner,** *Operophtera brumata* – **187.** *Lithostege farinata* – **188.** *Aplocera plagiata* – **189.** *Larentia clavaria* – **190. Weißgrauer Blattspanner,** *Chloroclysta truncata* – **191. Graugrüner Blattspanner,** *Chloroclysta miata* – **192. Birken-Blattspanner,** *Rheumaptera hastata* – Nat. Größe.

193

194

195

196

197

198

199

200

193. *Eustroma reticulata* – **194.** *Xanthorrhoe ferrugata* – **195. Gemeiner Blattspanner,** *Xanthorrhoe fluctuata* – **196. Veränderlicher Blattspanner,** *Thera variata* – **197.** *Euphyia luctuata* – **198.** *Epirrhoe alternata* – **199. Bläulicher Blattspanner,** *Entephria caesiata* – **200.** *Horisme tersata* – 125 % nat. Größe.

201

202

203

204

205

206

207

208

201. Purpurspanner, *Lythria purpurata* – **202.** *Scopula decorata* – **203.** *Idaea muricata* – **204.** *Rhodometra sacraria* – **205.** *Cyclophora puppilaria* – **206.** *Idaea inquinata* – **207.** *Eucrostes indigenata* – **208.** *Idaea ostrinaria* – 150 % nat. Größe.

209

210

211

212

213

214

215

216

209. *Orthonama obstipata* – **210.** *Discoloxia blomeri* – **211.** *Hydrelia flammeolaria* – **212.** *Stegania cararia* – **213.** *Perizoma alchemillata* – **214.** *Pygmaena fusca* – **215.** *Eulithis mellinata* – **216.** *Camptogramma bilineata* – 150 % nat. Größe.

217

218

219

220

221

222

223

217. Stachelbeerspanner, *Abraxas grossulariata* – **218. Sumpfheidelbeerspanner,** *Abraxas melanaria* – **219.** *Hylaea fasciaria* – **220. Perlspanner,** *Campaea margaritata* – **221.** *Aspilates formosaria* – **222. Zitronenspanner,** *Opisthograptis luteolata* – **223. Gelber Fleckenspanner,** *Pseudopanthera macularia* – Nat. Größe.

225 a

224

225

226

227

228

229

230

224. Nachtschwalbenschwanz, *Ourapteryx sambucaria* – **225. Großer Forstspanner,** *Erannis defoliaria* – **225 a)** – **226.** *Crocallis elinguaria* – **227. Fliederspanner,** *Apeira syringaria* – **228.** *Perizoma sagittata* – **229.** *Bapta tibeale* – **230. Schlehenspanner,** *Angerona prunaria* – *Nat. Größe.*

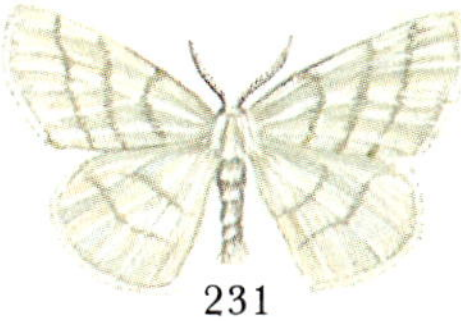

231

232

233

234

235

236

237

231. *Cabera pusaria* – **232.** *Siona lineata* – **233. Erlen-Zackenrandspanner,** *Ennomos alniaria* – **234.** *Epione repandaria* – **235.** *Alsophila aescularia* – **236.** *Pachycnemia hippocastanaria* – **237. Steineichenbaum-Spanner,** *Boarmia roboraria* – Nat. Größe.

238. *Peribatodes rhomboidaria* – **239. Birkenspanner,** *Biston betularia* – **239 a)** ♀ *f. carbonaria* – **240.** *Fagivorina arenaria* – **241.** *Gnophos obfuscatus* – **242.** *Lycia zonaria* – **243.** *Semiothisa clathrata* – **244. Heidekrautspanner,** *Ematurga atomaria* – **245. Kiefernspanner,** *Bupalus piniaria* – **246.** *Euphithecia vulgata* – **247.** *Eupithecia venosata* – Nat. Größe.

248. Wachsmotte, *Aphomia sociella* – **249. Schilfzünsler,** *Chilo phragmitella* – **250. Maiszünsler,** *Ostrinia nubilalis* – **251.** *Dioryctria abietella* – **252.** *Cynaeda dentalis* – **253.** *Catastia marginea* – **254.** *Hypsopygia costalis* – **255.** *Pyrausta nigrata* – **256. Wassermotte,** *Nymphula nymphaeata* – **257.** *Evergestis extimalis* – 125 % nat. Größe.

258. *Oncocera semirubella* – **259.** *Palpita unionalis* – **260. Mehlmotte,** *Ephestia kuehniella* – **261.** *Eurhodope adventella* – **262. Grasmotte,** *Crambus pascuellus* – **263.** *Agdistis bennetii* – **264.** *Cnaemidophorus rhododactyla* – **265.** *Platyptilia gonodactyla* – **266.** *Oxyptilus pilosellae* – **267.** *Pterophorus pentadactyla* – **268.** *Alucita hexadactyla* – **269.** *Cochylis nana* – **270.** *Agapeta zoegana* – **271.** *Aethes tesserana* – 125 % nat. Größe.

272. *Archips podana* – **273.** *Olethreutes schulziana* – **274.** *Acleris variegana* – **275.** *Ptycholomoides aeriferanus* – **276.** *Olindia schumacherana* – **277.** *Cnephasia chrysantheana* – **278.** *Pammene regiana* – **279. Apfelwickler,** *Laspeyresia pomonella* – **280.** *Ethmia bipunctella* – **281.** *Harpella forficella* – **282.** *Hofmannophila pseudospretella* – **283.** *Agonopterix heracliana* – **284.** *Diurna fagella* ♂ – **284 a)** ♀ – 125 % nat. Größe.

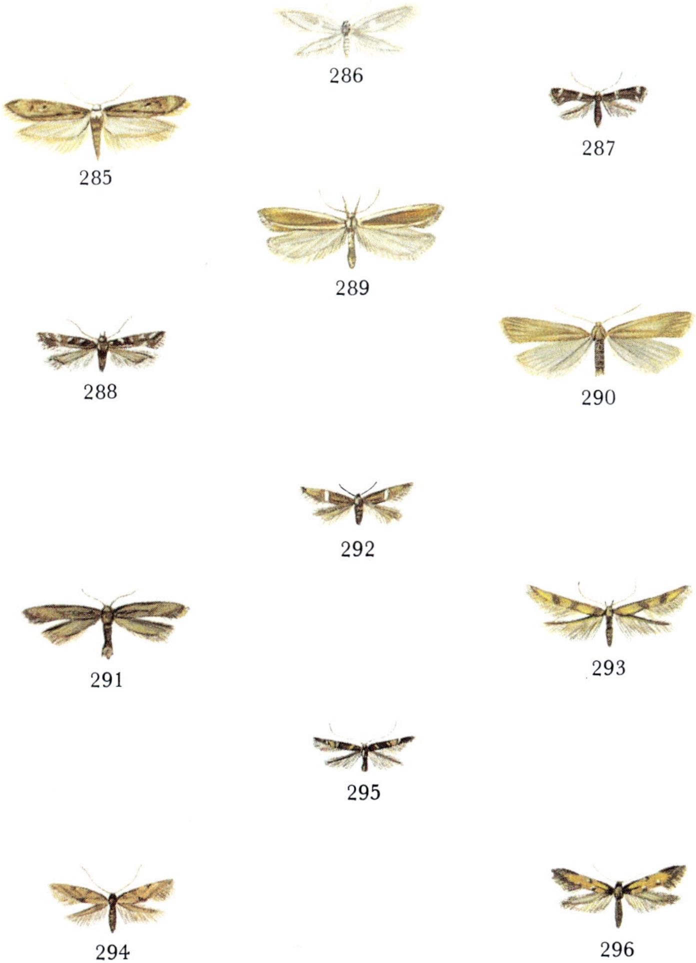

285. *Endrosis sarcitrella* – **286.** *Elachista argentella* – **287.** *Elachista albifrontella* – **288.** *Aristotelia ericinella* – **289.** *Dichomeris marginella* – **290.** *Brachmia rufescens* – **291. Kartoffelmotte,** *Phthorimaea operculella* – **292.** *Syncopacma cinctella* – **293.** *Stathmopoda pedella* – **294.** *Mompha fulvescens* – **295.** *Cosmopterix zieglerella* – **296.** *Glyphipteryx linneella* – 150 % nat. Größe.

297

298

299

300

301

302

303

297. Grünwidderchen, *Procris statices* – **298. Erdeichel-Widderchen,** *Zygaena filipendulae* – **299. Esparsetten-Widderchen,** *Zygaena carniolica* – **300.** *Zygaena lavendulae* – **301. Hornissenschwärmer,** *Sesia apiformis* – **302. Birken- Glasflügler,** *Aegeria culiciformis* – **303. Bremsenschwärmer,** *Paranthrene tabaniformis* – 125 % nat. Größe.

304

306

305

307

304. Blausieb, *Zeuzera pyrina* – **305. Weidenbohrer,** *Cossus cossus* – **306. Heidekraut-Wurzelbohrer,** *Hepialus hecta* – **307. Hopfen-Wurzelbohrer,** *Hepialus humuli* ♀ – 125 % nat. Größe.

308. Apfelgespinstmotte, *Yponomeuta malinellus* – **309.** *Ypsolopha ustella* – **310. Kohlmotte,** *Plutella xylostella* – **311.** *Argyresthia goedartella* – **312.** *Digitivalva assectella* – **313.** *Ochsenheimeria vacculella* – **314. Kleidermotte,** *Tineola bisselliella* – **315.** *Morophaga boleti* – **316.** *Acanthopsyche atra* – **317.** *Taleporia tubulosa* – **318. Rotbraune Schildmotte,** *Apoda avellana* – **319.** *Nemophora degeerella* – **320.** *Nemophora swammerdamella* – **321.** *Lampronia capitella* – 125 % nat. Größe.

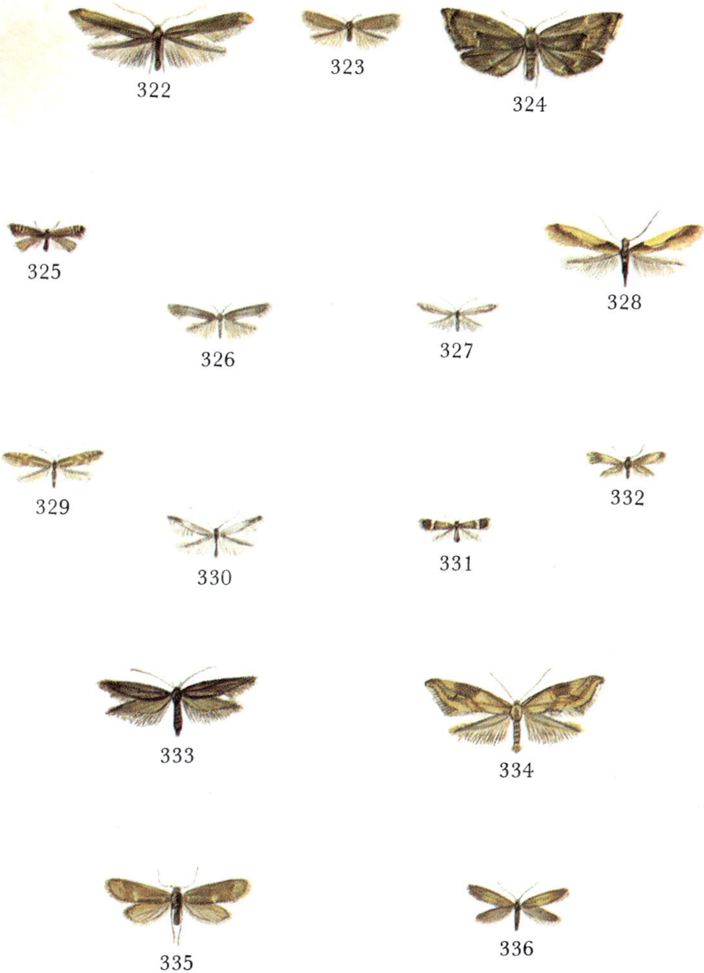

322. *Coleophora deauratella* – **323.** *Coleophora laricella* – **324.** *Anthophila fabriciana* – **325.** *Glyphipterix simpliciella* – **326.** *Douglasia ocnerostomella* – **327.** *Phyllocnistis unipunctella* – **328.** *Caloptilia alchimiella* – **329.** *Phyllonorycter maestingella* – **330.** *Lyonetia clerkella* – **331.** *Nepticula tityrella* – **332.** *Tischeria ekebladella* – **333.** *Scythris picaepennis* – **334.** *Epermenia illigerella* – **335.** *Eriocrania unimaculella* – **336.** *Micropterix calthella* – 125 % nat. Größe.

337. Totenkopf, *Acherontia atropos* – **338. Ligusterschwärmer,** *Sphinx ligustr* – **339. Labkrautschwärmer,** *Hyles gallii* – **340. Abendpfauenauge,** *Smerinthu ocellata.*

341. Großer Gabelschwanz, *Cerura vinula* – **342. Buchenspinner,** *Stauropus fagi* – **343. Streckfuß,** *Dasychira pudibunda* – **344. Schlehenspinner,** *Orgyia antiqua* – **345. Brauner Bär,** *Arctia caja* – **346. Kleines Nachtpfauenauge,** *Saturnia pavonia* – **347. Eichenspinner,** *Lasiocampa quercus.*

348. Hausmutter, *Noctua pronuba* – **349. Heidekraut-Bunteule,** *Anarta myrtilli* – **350. Graseule,** *Cerapteryx graminis* – **351. Silbermönch,** *Cucullia argentea* – **352. Blaukopf,** *Diloba coeruleocephala* – **353. Pfeileule,** *Acronicta psi.* – **354. Gammaeule,** *Autographa gamma* – **355. Rotes Ordensband,** *Catocala nupta.*

356. Grüner Birkenspanner, *Geometra papilionaria* – **357. Kleiner Frostspanner,** *Operophtera brumata* – **358. Birkenspanner,** *Biston betularia* – **359. Stachelbeerspanner,** *Abraxas grossulariata* – **360. Kiefernspanner,** *Bupalus piniaria* – **361. Weidenbohrer,** *Cossus cossus.*

362. Eichenwickler, *Totrix viridana* – **363. Apfelwickler,** *Laspeyresia pomonella* – **364.** *Zygaena lonicerae* – **365. Apfelgespinstmotte,** *Yponomeuta malinellus* – **366.** *Fumea casta* – **367.** *Incurvaria spec.* – **368. Hopfen-Wurzelbohrer,** *Hepialus humuli.*

Familie Schwärmer, *Sphingidae*

Die Schwärmer bilden eine überwiegend tropische Gruppe, die unge-
r 1000 Arten umfaßt. Sie haben ein sehr charakteristisches Ausse-
: Große Augen, lange, schmale Vorderflügel, kleine Hinterflügel
l einen torpedoförmigen Körper. Alle diese Eigenschaften zeigen,
ß die Schwärmer ausgezeichnete Flieger sind. Mehrere Arten wan-
n über größere Strecken. Die Raupen sind durch ein Horn am
terende des Körpers gekennzeichnet. Sie leben meist nur an einer
nzenart oder -gattung.

Pappelschwärmer, *Laothoe populi*

erkmale: Vfl. 26–45 mm. Die Grundfarbe ist graubraun mit dunkleren
raunen Streifen und Zeichnungen. An der Wurzel der Hinterflügel befindet sich eine rote Bestäubung. Das Weibchen ist größer und heller gefärbt und seine Fühler sind dünner und schwächer gezähnt.

Verbreitung: Über ganz Europa, nordwärts bis zum Polarkreis.

Vorkommen und Lebensweise: Überall ziemlich häufig. Man findet den Pap-
elschwärmer an Waldrändern, in Parks, Gärten und an ähnlichen Stellen von
ai bis Juli, im Süden auch in einer teilweise zweiten Generation von August
s September. Die Raupen leben im Spätsommern an Weiden und Pappeln.

2. Abendpfauenauge, Weidenschwärmer, *Smerinthus ocellata*

Merkmale: Vfl. 32–45 mm. Die Grundfarbe der Vorderflügel ist graubraun, auf den Hinterflügeln ist der Falter gelb und rot und mit einem großen, charakteristischen blauen Augenfleck. Das Weibchen ist größer als das Männchen und etwas schwächer gezeichnet.

Verbreitung: Über ganz Europa, nordwärts bis etwa 62° nördl. Breite.

Vorkommen und Lebensweise: Die Art ist überall verbreitet und nicht selten. Man findet sie an Waldrändern, in Parks, an Hecken und ähnlichen Stellen. Sie fliegt von Mai bis Juli, selten in der zweiten Generation von August bis Oktober. Wenn das Tier erschrickt, z. B. wegen eines Vogels, zieht es rasch die Vorderflügel nach vorn, so daß die Augenflecken auf den Hinterflügeln sichtbar werden. Die Raupe lebt von Juli bis September an Weiden und Pappeln, in Gärten und auch an Apfelbäumen. Raupe: s. Nr. 340.

3. Totenkopf, *Acherontia atropos*
Merkmale: Vfl. 50–70 mm. Die Grundfarbe der Vorderflügel ist bräunlich mit helleren und dunkleren Zeichnungen, die der Hinterflügel gelb mit zwei braunen Bändern. Das Bruststück trägt oben eine helle Zeichnung, die wie ein Totenkopf aussieht. Davon hat die Art ihren Namen erhalten.
Verbreitung und Vorkommen: Die Art ist in Europa nicht heimisch, wird aber vielerorts gefangen, da sie regelmäßig aber in wechselnder Anzahl jedes Jahr aus ihrer Heimat Afrika bei uns zuwandert.
Lebensweise: Die Art wird manchmal mit dem Ligusterschwärmer (5) verwechselt. Die Falter findet man in der Nähe von Bienenstöcken, wo sie mit ihrem kurzen aber kräftigen Rüssel die Waben anstechen und Honig saugen. Bei Gefahr lassen sie ein zirpendes Geräusch hören. Bei uns erscheinen die Falter in der Regel von Juli bis Oktober, selten schon im Juni. Raupe: s. Nr. 337.

4. Windenschwärmer, *Agrius convolvuli*
Merkmale: Vfl. 50–60 mm. Die Grundfarbe beider Flügel ist grau. Der Hinterleib ist mit einem Muster von schwarzen und roten Zeichnungen versehen, durch das die Art abgesehen von der Größe von dem ähnlichen Kiefernschwärmer, *Sphinx pinastri* unterschieden werden kann. Der Saugrüssel kann bis zu 10 cm lang werden.
Verbreitung: Die Heimat dieser Art sind die Tropen der alten Welt. Von dort unternimmt sie weite Streifzüge und erscheint bei uns in manchen Jahren nicht selten.
Vorkommen und Lebensweise: Wie der Totenkopf tritt auch der Windenschwärmer sehr unregelmäßig auf, meist im September. Die Falter besuchen sehr gerne Blüten, z. B. Tabak, Geißblatt und andere Nachtblüher. Die Raupe lebt an Winden *(Convolvulus).* Die Puppe erkennt man leicht an der langen, zu einer freien Spirale eingerollten Rüsselscheide.

5. Ligusterschwärmer, *Sphinx ligustri*
Merkmale: Vfl. 42–62 mm. Die Grundfarbe der Vorderflügel ist graubraun, die der Hinterflügel rot mit zwei dunklen Bändern. Der Hinterleib ist rot und schwarz gestreift. Das Weibchen ist etwas größer als das Männchen und hat schwächer gezähnte Fühler.
Verbreitung: Über ganz Europa, nordwärts bis 62° nördl. Breite.
Vorkommen und Lebensweise: Im Gegensatz zu den vorhergehenden Arten ist der Ligusterschwärmer bei uns zu Hause. Er lebt in offenem Land, in Gärten und Parks, wo er von Mai bis August angetroffen werden kann, im Süden manchmal auch in einer zweiten Generation. Die Falter besuchen Blüten, vor denen sie dann mit schwirrenden Flügeln still stehen und Nektar saugen. Tags sitzen sie an Pfählen und Telefonmasten und sind dort durch ihre Zeichnung von der hölzernen Unterlage kaum zu unterscheiden. Raupe: s. Nr. 338.

6. Taubenschwänzchen, *Macroglossum stellatarum*
Merkmale: Vfl. 22–25 mm. Die Grundfarbe der Vorderflügel ist grünbraun, die der Hinterflügel gelblich.

Verbreitung: In Europa nicht heimisch, im südlichen Europa aber ein nicht seltener Sommergast.
Vorkommen und Lebensweise: Die Art erscheint bei uns in unregelmäßiger Zahl, in manchen Jahren aber ziemlich häufig. Die Falter fliegen am Tage und besuchen gerne Blüten, vor denen sie schwirrend in der Luft stehen, ohne sich beim Saugen jemals hinzusetzen. Die Raupe lebt an Labkraut *(Galium).*

7. Mittlerer Weinschwärmer, *Deilephila elpenor*
Merkmale: Vfl. 25–35 mm. Die Grundfarbe ist rot, mit großen grünlich bestäubten Partien. Die Hinterflügel sind in der Innenhälfte schwarz, außen rot. Die Farbtöne können ziemlich stark variieren. Die Größe unterscheidet die Art von dem Kleinen Weinschwärmer, *D. porcellus,* der auch bei uns heimisch ist.
Verbreitung: Über ganz Europa, nordwärts bis 65 ° nördl. Breite.
Vorkommen und Lebensweise: Der Mittlere Weinschwärmer bevorzugt offenes Land, Straßenränder, Gräben und Waldschläge und fliegt von Mai bis Juli, einzeln auch noch im August. In der Dämmerung besucht er gerne Blüten. Sowohl der Mittlere als auch der Kleine Weinschwärmer sind bei uns ziemlich häufig. Ihre Raupen leben an Weidenröschen *(Epilobium)* und an Labkraut *(Galium).*

8. Oleanderschwärmer, *Daphnis nerii*
Merkmale: Vfl. 45–60 mm. Die Zeichnung der Vorderflügel ist sehr bunt mit abwechselnd violetten, grünen und braunen Feldern.
Verbreitung: Heimisch nur in Afrika und Westasien, als Wanderfalter aber in fast allen Teilen Europas.
Vorkommen und Lebensweise: In Mitteleuropa wird die Art nur sehr vereinzelt von Mai bis Oktober gefunden. Die Raupen leben an Oleander *(Nerium).*

9. Labkrautschwärmer, *Hyles gallii*
Merkmale: Vfl. 30–40 mm. Grundfarbe der Vorderflügel grünbraun mit gelber Bandzeichnung. Die Hinterflügel sind innen schwarz, außen gelb, rot und weiß gezeichnet. Die Adern sind nicht heller gefärbt.
Verbreitung: Kommt in ganz Europa vor.
Vorkommen und Lebensweise: Die Art tritt sehr unregelmäßig auf, kann viele Jahre völlig verschwunden sein, um dann plötzlich wieder in großer Anzahl zu erscheinen. Man muß annehmen, daß sie lokale und ungerichtete Wanderzüge unternimmt. Die Flugzeit erstreckt sich über den ganzen Sommer. Die Falter erscheinen bei Sonnenuntergang an Blüten. Die Raupen leben manchmal in großen Mengen an Weidenröschen *(Epilobium)* auf Waldlichtungen im Juli. Raupe: s. Nr. 339.

10. Hummelschwärmer, *Hemaris fuciformis*
Merkmale: Vfl. 18–21 mm. Es gibt noch eine zweite sehr ähnliche Art, den Skabiosenschwärmer, *H. tityus,* der sich hauptsächlich durch die schmalere dunkle Begrenzung der sonst glasklaren Hinterflügel unterscheidet.
Verbreitung: Nicht selten in ganz Europa.

Vorkommen und Lebensweise: Der Falter bevorzugt Waldränder und Waldwiesen, wo er von Mai bis Juli vielerei Blüten besucht und dabei an Hummeln erinnert. Die Raupe lebt im Sommer an Geißblatt *(Lonicera).*

11. Lindenschwärmer, *Mimas tiliae*
Merkmale: Vfl. 26–38 mm. Kommt in verschiedenen Farbvarianten vor, von denen die grüne im Flachland die häufigste ist, während in den Alpen sehr oft braune Formen auftreten. Die Hinterflügel sind gelblich.
Verbreitung: Europa, nordwärts bis zum mittleren Skandinavien und Südfinnland.
Vorkommen und Lebensweise: Die Art ist an Linde *(Tilia)* gebunden und man findet sie deshalb in Laubwäldern, Alleen, Parks und ähnlichen Stellen. Sie befindet sich offensichtlich in Ausbreitung, so daß sich ihre Verbreitungsgrenzen ständig verschieben. Die Raupe lebt an Linde, seltener an Birke und Eiche und kann von Juli bis August gefunden werden.

Familie Zahnspinner, *Notodontidae*

Diese sehr große Familie umfaßt verhältnismäßig kleine nachts fliegende Falter und ist mit mehr als 2000 Arten über die ganze Erde verbreitet. Sehr viele Arten haben am Innenrand des Vorderflügels einen Zahn aus besonders großen Schuppen, der in Ruhestellung in charakteristischer Weise emporragt und der Gruppe ihren Namen gegeben hat. Die meisten Arten zeigen eine ausgeprägte Tarnfärbung. Die Raupen leben in der Regel auf Laubbäumen und viele von ihnen sind sehr eigentümlich geformt, meist nackt und nur selten schwach behaart.

12. Birkengabelschwanz, *Harpyia bicuspis*
Merkmale: Vfl. 16–20 mm. Das Männchen besitzt deutlich gefiederte Fühler. Die Grundfarbe ist rein weiß, das Mittelband bläulich mit schwarzen Zeichnungen, sowohl nach außen als auch nach innen unregelmäßig begrenzt. In Mitteleuropa gibt es zwei weitere sehr ähnliche Arten, *C. furcula* und *C. bifida.*
Verbreitung: Über den größten Teil Europas, in Skandinavien bis 62° nördl. Breite, in Finnland weiter nach Norden, aber überall einzeln.
Vorkommen und Lebensweise: Die Art fliegt in offenen Laub- und Mischwäldern, fast überall in zwei Generationen von April bis Juli und von Juli bis August, nur im Alpengebiet in einer Generation von Mai bis Juli. Die Raupe lebt an Birke und die Puppe kann mehrere Male überwintern.

13. Pergamentspinner, *Hybocampa milhauseri*
Merkmale: Vfl. 22–26 mm. Das Männchen besitzt kräftig entwickelte federartige Antennen. Die Grundfarbe ist undeutlich grünlich gelb mit dunkleren Streifen. Sie kann kaum mit einer anderen Art verwechselt werden.
Verbreitung: Über große Teile Europas, fehlt aber in England, in Fennoskandien nur im südlichen Schweden.

Vorkommen und Lebensweise: Die Art ist weit verbreitet, aber überall einzeln und selten. Sie fliegt in Laubwäldern und auf Waldlichtungen, wo sie von April bis Juni erscheint. Die Raupe lebt im Spätsommer an Eiche *(Quercus)* und Buche *(Fagus)*. Sie spinnt einen Kokon, in dem die Puppe überwintert und sich mit Hilfe eines Dornes am Kopf beim Schlüpfen des Falters wieder befreit.

14. Großer Gabelschwanz, *Cerura vinula*
Merkmale: Vfl. 25–35 mm. Das Weibchen ist etwas größer als das Männchen, mit dunkleren Hinterflügeln und schwächer gefiederten Fühlern. Die Grundfarbe ist weißgrau mit schwarzen Zeichnungen. Die äußere Hälfte der Flügel ist meist nur sehr dünn beschuppt und halb durchsichtig.
Verbreitung: Ganz Europa.
Vorkommen und Lebensweise: Der Falter fliegt nicht selten von April bis Juli, hauptsächlich in offenem Buschland (besonders auf trockenerem Boden). Nicht selten findet man den Falter am Tage auf Telefonmasten, Pfählen und ähnlichem sitzen. Raupe: s. Nr. 341.

15. Dunkelgrauer Zickzackfalter, *Drymonia ruficornis*
Merkmale: Vfl. 17–22 mm. Die Grundfarbe ist bräunlich grau, fein gemustert, mit hellerem Mittelfeld. Die Art gleicht sehr *D. trimacula,* die gröber bestäubt ist und dunklere Hinterflügel aufweist. Die Weibchen der beiden Arten sind etwas größer und haben kürzer gefiederte Antennen. Daneben gibt es noch zwei weitere ähnliche Arten.
Verbreitung: In Europa nach Norden bis Mittelschweden.
Vorkommen und Lebensweise: Die Art fliegt in Laubwäldern von Ende April bis Juni. Ihre Raupe lebt im Spätsommer an Eiche *(Quercus)*.

16. Dromedarspinner, *Notodonta dromedarius*
Merkmale: Vfl. 18–23 mm. Die Grundfarbe ist lebhaft graubraun mit rostroten Linien. Die Hinterflügel sind dunkelbraun. Das Weibchen ist größer mit kürzeren Fiedern an den Fühlern. Daneben gibt es noch zwei weitere Arten dieser Gattung, die eine ist mehr einfarbig grau *(N. terva),* die andere besitzt weiße Hinterflügel *(N. phoebe)*. Beide Arten sind ziemlich selten.
Verbreitung: Ganz Europa.
Vorkommen und Lebensweise: Die Art ist weit verbreitet und meist häufig. Sie erscheint in zwei Generationen von Mai bis Juni und wieder von Juli bis September. In Nordeuropa aber nur in einer Generation. In den Alpen steigt die Art bis 2400 m. Die Raupe lebt an Birke *(Betula)* und Erle *(Alnus)*.

17. Eichen-Zahnspinner, *Peridea anceps*
Merkmale: Vfl. 21–34 mm. Die Grundfarbe ist grünlich, die Hinterflügel hell. Das Weibchen ist etwas größer als das Männchen mit schwächer gekämmten Fühlern.
Verbreitung: In Europa nach Norden bis Norwegen und Mittelschweden.
Vorkommen und Lebensweise: Im Flachland meist nicht selten und weit

verbreitet, in den Alpen nur in den Tälern. Fliegt in offenen Eichenwäldern, von Mai bis Juni, manchmal eine teilweise zweite Generation. Die Raupe lebt an Eiche *(Quercus)*.

18. Porzellanspinner, *Pheosia tremula*
Merkmale: Vfl. 18–28 mm. Das Weibchen ist am größten. Die Grundfarbe ist sehr hell mit porzellanartigem Schimmer, daher auch der Name dieser Art. Eine zweite Art, *P. gnoma,* kommt noch vor. Sie ist durch ihren breiten weißen Keilfleck am Innenwinkel des Vorderflügels leicht zu erkennen.
Verbreitung: Durch ganz Europa nordwärts bis zum Polarkreis.
Vorkommen und Lebensweise: Weit verbreitet und nicht selten. Fliegt in Laub- und Mischwäldern in zwei sich überschneidenden Generationen von April bis September. Die Raupe lebt an Weiden und Pappeln. *(Salix* und *Populus)*.

19. Zickzackspinner, *Eligmodonta ziczac*
Merkmale: Vfl. 16–23 mm. Das Weibchen ist größer als das Männchen. Die Grundfarbe besteht aus einer Mischung von blau, grau und braun. Die Hinterflügel sind beim Männchen gelblichgrau, beim Weibchen dunkelgrau.
Verbreitung: Ganz Europa.
Vorkommen und Lebensweise: Weit verbreitet und fast überall häufig. Zwei sich teilweise überschneidende Generationen von April bis September. In den Gebirgen bis 2000 m und dort nur in einer Generation. Die Raupe lebt an Weiden und Pappeln *(Salix* und *Populus)*.

20. Schneeweißer Zahnspinner, *Leucodonta bicoloria*
Merkmale: Vfl. 16–20 mm. Die Grundfarbe ist weiß mit orange Zeichnungen. Die Art ist mit keiner anderen zu verwechseln.
Verbreitung: Europa bis Mittelschweden und Mittelfinnland.
Vorkommen und Lebensweise: Die Art tritt sehr einzeln und lokal in Laubwäldern mit der Futterpflanze Birke *(Betula)* auf. Sie lebt an dieser Pflanze von Juli bis August, hauptsächlich in den Kronen der Bäume.

21. Silberfleck, *Spatalia argentina*
Merkmale: Vfl. 17–21 mm. Die Grundfarbe ist grünlichbraun mit weißen und orangen Zeichnungen und silbrig glänzenden Flecken. Dadurch ist die Art kaum mit anderen zu verwechseln.
Verbreitung, Vorkommen und Lebensweise: Die Verbreitung erstreckt sich über Süd- und Mitteleuropa, die Art fehlt in Nord- und Westeuropa. Die Falter erscheinen lokal und selten in zwei Generationen in Mai bis Juni und August. Die Raupe lebt an Eiche *(Quercus)*.

22. Kamelspinner, *Ptilodon capucina*
Merkmale: Vfl. 20–25 mm. Die stark variierende Grundfarbe ist am häufigsten rotbraun. Eine ähnliche Art, *P. cucullа,* besitzt ein weißliches Feld am Saum.
Verbreitung: Über ganz Europa.
Vorkommen und Lebensweise: Weit verbreitet und häufig in Laub- und

Mischwäldern in zwei, nicht scharf getrennten Generationen von April bis September. Die Raupe findet man an verschiedenen Laubbäumen, besonders aber an Weiden und Zitterpappeln *(Salix* und *Populus).*

23. Karmeliterspinner, *Odontosia carmelita*
Merkmale: Vfl. 20–25 mm. Die Grundfarbe ist braunschwarz mit weißlichen Zeichnungen. Das Weibchen ist etwas heller als das Männchen. In Fennoskandien und dem östlichen Mitteleuropa gibt es eine sehr ähnliche Art, *sieversi,* mit blasserer Grundfarbe und deutlicherer Zeichnung.
Verbreitung: In Mittel- und Nordeuropa, sehr lokal.
Vorkommen und Lebensweise: Die Art fliegt in Laub- und Mischwäldern mit Birken in einer Generation von März bis Mai. Die Raupe lebt in den Kronen der Birken im Spätsommer.

24. Haarschuppenspinner, *Ptilophora plumigera*
Merkmale: Vfl. 15–20 mm. Die Grundfarbe ist schwach hellbraun, auch graubraun variierend. Die Männchen haben stark gekämmte Fühler.
Verbreitung: In Mitteleuropa und dem südlichen Fennoskandien, nicht aber in Finnland und Holland. Die Art ist an Waldrändern und Hecken, wo die Futterpflanze der Raupe Feldahorn *(Acer campestre)* wächst, sehr häufig. Sie fliegt spät im Jahr von Ende Oktober bis November und wird deshalb leicht übersehen. Das Ei überwintert und die Raupe findet man im Frühsommer an der Futterpflanze.

25. Palpenspinner, *Pterostoma palpina*
Merkmale: Vfl. 16–27 mm. Das Weibchen ist größer als das Männchen. Die Grundfarbe ist graugelb. Durch ihre Flügelform und die langen Palpen ist die Art deutlich charakterisiert.
Verbreitung: Durch ganz Europa bis zum Polarkreis, nicht aber über die Baumgrenze hinaus.
Vorkommen und Lebensweise: Die Art ist meist recht häufig und weit verbreitet, besonders an Waldrändern und im Buschland. Sie erscheint in zwei Generationen von April bis September. Die Raupe lebt an Birke *(Betula),* Weiden *(Salix)* und Pappeln *(Populus).*

26. Erpelschwanz, *Clostera curtula*
Merkmale: Vfl. 14–18 mm. Die Grundfarbe ist braun oder grau und an der Flügelspitze befindet sich ein mondförmiger Fleck von warmbrauner Farbe. Es gibt in Mitteleuropa noch einige weitere ähnliche Arten, die sich jedoch durch den weit schwächer hervortretenden Mondfleck unterscheiden.
Verbreitung: In Europa nordwärts bis zum Polarkreis.
Vorkommen und Lebensweise: Die Art ist recht häufig in Gärten, an Waldrändern, Seeufern und Flußauen. Sie erscheint in zwei Generationen von Mai bis Juni und von Juli bis August. Die Falter fliegen zum Licht und man findet sie morgens nicht selten an Straßenleuchten und Schaufenstern, die in der Nacht beleuchtet waren. Die Raupe lebt an Weiden und Pappeln, *(Salix* und *Populus)* zwischen zusammengesponnenen Blättern.

27. Buchenspinner, *Stauropus fagi*
Merkmale: Vfl. 23–32 mm. Die Grundfarbe ist braun mit grünrötlicher Tönung. Das Weibchen ist etwas größer als das Männchen und besitzt schwächer gekämmte Fühler. Die Art ist kaum mit anderen zu verwechseln.
Verbreitung: Europa nordwärts bis Mittelschweden und Südfinnland.
Vorkommen und Lebensweise: Die Art ist weit verbreitet, aber überall einzeln. Sie fliegt hauptsächlich in Laubwäldern und Parks, wo die Futterpflanze der Raupe, Buche *(Fagus),* wächst. Raupe: s. Nr. 342.

28. Mondfleck, *Phalera bucephala*
Merkmale: Vfl. 27–32 mm. Die Grundfarbe ist bläulichweiß mit einem gelben Mondfleck an der Flügelspitze. Durch diesen gleicht der Falter in Ruhestellung einem abgebrochenen Zweig. In Südosteuropa gibt es eine sehr ähnliche Art, *P. bucephaloides.*
Verbreitung: Über ganz Europa nach Norden an den Küsten bis an den Polarkreis. In den Gebirgen bis zur Baumgrenze.
Vorkommen und Lebensweise: Weit verbreitet und fast überall häufig auf Waldlichtungen, an Waldrändern, in Gärten und Parks. Tagsüber sitzt der Falter meist an Baumstämmen. Er fliegt von Mai bis August, in Südeuropa manchmal in zwei Generationen. Die Raupe lebt von Juli bis August an verschiedenen Laubbäumen in Gesellschaften. Sie kann manchmal ganze Bäume kahlfressen.

Familie Prozessionsspinner, *Thaumetopoeidae*

Die Familie umfaßt höchstens 100 Arten, die hauptsächlich in der Alten Welt verbreitet sind. Sie ist mit den Zahnspinnern nahe verwandt. Ihre Raupen leben in Gesellschaften und unternehmen tägliche Wanderungen von und zur Futterpflanze, wo sie nachts fressen, den Tag aber in großen gemeinsamen Gespinsten verbringen. Sie haben in Gruppen geordnete Haare, die mit Widerhaken versehen sind und bei der Berührung leicht abbrechen. Die Haare erzeugen in der menschlichen Haut heftige Entzündungen.

29. Kiefernprozessionsspinner, *Thaumetopoea pinivora*
Merkmale: Vfl. 15–18 mm. Die Grundfarbe ist graublau mit dunklen Linien. Das Weibchen ist größer und hat mehr auseinanderfließende Zeichnungen. Eine sehr ähnliche Art, die ebenfalls an Kiefern lebt, ist *T. pityocampa,* die in Südeuropa bis zum Alpensüdrand vorkommt und oft sehr häufig ist.
Verbreitung: Östliches Mitteleuropa sowie Südschweden, Öland und Gotland.
Vorkommen und Lebensweise: In Mitteleuropa nur östlich der Elbe und in Dänemark. Die Art lebt in offenen Kiefernwäldern, wo die Raupe die Nadeln der Kiefer verzehrt. Gelegentlich werden auch andere Nadelbäume angegriffen. Die Falter erscheinen von Mai bis Juni oder von Juli bis September, je nach Entwicklungszyklus.

30. Eichenprozessionsspinner, *Thaumetopoea processionea*
Merkmale: Vfl. 15–16 mm. Die Grundfarbe ist bräunlich grau mit schwachen, weißlichen Zeichnungen, die nicht so deutlich sind wie die der vorhergehenden Art.
Verbreitung, Vorkommen und Lebensweise: Die Art tritt lokal in Süd- und Mitteleuropa auf, fehlt aber von der norddeutschen Tiefebene an nordwärts. Sie ist oft in großer Zahl vertreten. Die Raupe lebt von Mai bis Juli in Gesellschaften an Eiche *(Quercus).* Beim Aufsuchen der Nahrungsplätze wandern die Raupen in langen Reihen eine hinter der anderen, was der Gruppe den Namen eingetragen hat.

Familie Trägspinner, *Lymantriidae*

Die Familie umfaßt eine größere Zahl von Arten besonders in den Tropen der Alten Welt, von denen einige zu den ernsthaftesten Schädlingen gehören, die wir kennen. Die Falter fliegen hauptsächlich nachts und die Männchen besitzen lang gekämmte Fühler. Die oft sehr plumpen Weibchen fliegen ungern und diese Eigenschaft war es, die zu dem deutschen Namen geführt hat. Die Raupen tragen auf dem Körper dichte Haarpinsel.

31. Streckfuß, Rotschwanz, *Dasychira pudibunda*
Merkmale: Vfl. 16–26 mm. Das Weibchen ist viel größer als das Männchen. Die Grundfarbe variiert in verschiedenen Grautönen. Es gibt auch eine Form mit schwarzen Vorderflügeln und eine solche, bei der das ganze Tier schwarz ist.
Verbreitung: Europa, von Fennoskandien bis Mittelschweden.
Vorkommen und Lebensweise: Die Art ist überall recht häufig. Sie lebt in Buchenwäldern. Die Falter fliegen von April bis Juni und im Herbst in einer teilweise zweiten Generation. Die Raupen können bei zahlreichem Auftreten an Buchen schädlich werden. Sie verzehren nicht nur die Blätter, sondern benagen auch die Knospen und die Rinde. Raupe: s. Nr. 343.

32. Fichten-Bürstenbinder, *Dasychira abietis*
Merkmale: Vfl. 20–26 mm. Die Grundfarbe ist grau, weiß und schwarz gesprenkelt. Das Weibchen ist größer, heller und gleichförmiger gezeichnet als das Männchen.
Verbreitung: Die Art ist lokal in Nordost- und Osteuropa verbreitet, in Deutschland östlich der Donau sowie im östlichen Österreich.
Vorkommen und Lebensweise: Die Falter erscheinen von Juni bis Juli in den großen Nadelwäldern, manchmal in einer zweiten Generation im Oktober. Ihre Verbreitung hat sich in den letzten Jahrzehnten verändert. Die Raupe lebt an Fichten und Tannen *(Picea* und *Abies).*

33. Schlehenspinner, *Orgyia antiqua*
Merkmale: Vfl. 14–16 mm. Das Männchen hat Flügel, das Weibchen (33 a) dagegen ist flügellos. Die Grundfarbe des Männchens ist warm braun mit dunkleren Linien und einem weißen Fleck am Innenwinkel des Vorderflügels.
Verbreitung: Über ganz Europa.
Vorkommen und Lebensweise: Überall häufig in zwei bis drei Generationen von Juni bis Oktober, im Gebirge bis 1200 m. Die Männchen fliegen am Tage in Wäldern, an Waldrändern, in Gärten, buschigem Gelände und ähnlichem. Die Weibchen bleiben nach dem Schlüpfen auf dem Puppenkokon sitzen und legen dorthin auch ihre Eier ab. Die Raupen lebten an vielerlei Laub- und Nadelbäumen. Es gibt noch zwei ähnliche aber seltenere Arten dieser Gattung bei uns. Raupe: s. Nr. 344.

34. Mondfleck-Bürstenbinder, *Dasychira selenitica*
Merkmale: Vfl. 13–18 mm. Die Grundfarbe ist bräunlich mit weißen und grünlichen Zeichnungen.
Verbreitung: In Mitteleuropa, nicht aber in den nördlichen Teilen, außerdem in Südfinnland.
Vorkommen und Lebensweise: Die Art ist sehr lokal verbreitet, kann aber gelegentlich auf trockenen, sandigen Flächen wie Heiden sehr häufig sein. Die Falter erscheinen von Mai bis Juni und die Männchen fliegen meistens vormittags im Sonnenschein. Die Raupe lebt an niederen Pflanzen, wie Klee *(Trifolium),* aber auch an Bäumen und überwintert fast erwachsen.

35. Schwan, *Euproctis similis*
Merkmale: Vfl. 15–18 mm. Das Weibchen ist größer als das Männchen, besonders der Hinterleib ist wesentlich größer. Die Art erkennt man an ihrer gelben Hinterleibsspitze. Eine ähnliche, oft viel häufigere Art, ist der Goldafter *E. chrysorrhoea,* der sich vor allem durch den fast ganz gelbbraun gefärbten Hinterleib unterscheidet.
Verbreitung: Beide Arten sind in Europa weit verbreitet, nach Norden bis Mittelschweden und Südfinnland.
Vorkommen und Lebensweise: Die beiden Arten sind manchmal recht häufig und können an Obstbäumen Schaden anrichten. Sie leben aber auch in Laub- und Mischwäldern und an anderen Laubbäumen. Die Raupen überwintern.

36. Weidenspinner, *Leucoma salicis*
Merkmale: Vfl. 20–26 mm. Die Grundfarbe ist weiß, ebenso der Hinterleib. Die Farbe ist glänzender als bei anderen weißen Art *Arctornis l-nigrum,* die zugleich eine schwarze l-förmige Zeichnung auf dem Vorderflügel und grüne Adern aufweist. Die Fühler des Weibchens sind schwächer gekämmt als bei dem Männchen, der Falter selbst ist aber größer.
Verbreitung: Ganz Europa.
Vorkommen und Lebensweise: Die Art ist überall zu finden und meist recht häufig. Die Falter erscheinen von Juni bis August und die Raupen leben an Pappeln und Weiden *(Populus* und *Salix).*

37. Schwammspinner, *Lymantria dispar*
Merkmale: Vfl. Männchen 17–25 mm, Weibchen 25–32 mm. Die Grundfarbe des Männchens ist dunkelbraun mit dunkleren Zeichnungen, die des Weibchens cremefarben mit schwächeren Zeichnungen.
Verbreitung: Mittel- und Südeuropa, nordwärts bis Südschweden.
Vorkommen und Lebensweise: Die Art ist besonders in wärmeren Gegenden sehr häufig. Sie tritt in Laubwäldern auf und kann in Obstgärten an den Bäumen großen Schaden anrichten. Die Männchen fliegen tagsüber im Sonnenschein, die Weibchen, wenn überhaupt nur nachts. Die Falter erscheinen von Juli bis September. Die Raupen leben an Laubbäumen und mit besonderer Vorliebe an Obstbäumen.

38. Nonne, *Lymantria monacha*
Merkmale: Vfl. 18–26 mm. Das Weibchen ist bedeutend größer als das Männchen und besitzt viel schwächer gekämmte Fühler. Die Grundfarbe beider Geschlechter ist in der Regel weiß mit dunklen Zeichnungen. Es gibt aber auch ganz schwarze Individuen und Zwischenformen.
Verbreitung: Europa, nordwärts bis Mittelschweden und Südfinnland.
Vorkommen und Lebensweise: Die Art bewohnt Nadel- und Mischwälder und ist gewöhnlich nicht sehr häufig. Sie ist jedoch früher in manchen Jahren durch Massenauftreten in Nadelwäldern überaus schädlich geworden. Die Falter erscheinen von Juli bis September und fliegen nur nachts. Die Eier werden an die Rinde der Bäume abgelegt und überwintern. Die frisch geschlüpften Raupen leben die ersten Tage in sogenannten Spiegeln zusammen, um sich später in den Kronen der Nahrungsbäume zu zerstreuen. Als Nahrung kommen verschiedene Laub- und Nadelbäume in Frage.

39. Schilfbürstenspinner, *Laelia coenosa*
Merkmale: Vfl. 20–26 mm. Beide Geschlechter sind ungefähr gleich groß. Das Männchen ist entweder gelblich, rötlich oder mehr grau gefärbt. Das Weibchen dagegen zeigt eine weißliche Grundfarbe.
Verbreitung: Sehr lokal in Europa, in weit getrennten Vorkommen in Norddeutschland, Belgien, Frankreich und Spanien, sowie in Südosteuropa.
Vorkommen und Lebensweise: Die Art lebt auf sumpfigen Flächen, wo die Falter von Juli bis August fliegen. Sie sind jedoch ziemlich selten. Die Raupe lebt an Gräsern und Riedgräsern.

40. Rotgrauer Schwammspinner, *Ocneria rubea*
Merkmale: Vfl. 15–18 mm. Die Grundfarbe ist orange bis rotbraun mit schwachen Zeichnungen. Das Weibchen ist fast ungezeichnet. Die Hinterflügel sind grau. Eine verwandte Art, *O. detrita,* ist mehr schwarzgrau gefärbt.
Verbreitung, Vorkommen und Lebensweise: Die Nordgrenze der Verbreitung dieser südeuropäischen Art liegt im Rheintal und in Südtirol. *Detrita* hingegen findet sich auch in Norddeutschland, in Ostdeutschland und im östlichen Österreich. Beide Arten sind an das Vorkommen der Eiche *(Quercus)* gebunden, an der die Raupen überwinternd leben.

Familie Bärenspinner, *Arctiidae*

Die Familie ist mit über 8000 Arten über die ganze Erde verbreitet und sehr schwer vollständig zu charakterisieren, deshalb wurde sie auch von vielen Autoren in mehrere Familien aufgeteilt. Es sind mittelgroße Falter mit meist sehr bunter Färbung, die als Warnfärbung gedeutet wird, da die Tiere als ungenießbar gelten. Die Raupen sind meist dicht behaart, was zu ihrem deutschen Namen geführt hat.

41. Laub-Grauspinnerchen, *Nola cucullatella*

Merkmale: Vfl. 8–10 mm. Die Grundfarbe ist in der Innenhälfte braun, in der Außenhälfte grau, durch ein dunkles kräftiges Querband getrennt. Dadurch ist die Art von den anderen einheimischen Verwandten leicht zu trennen.

Verbreitung: Fast über ganz Europa, nordwärts bis Mittelschweden und Südfinnland.

Vorkommen und Lebensweise: Überall verbreitet und meist an Stellen mit dichtem Bewuchs recht häufig. Die Flugzeit ist von Juni bis August. Die Raupen leben im Frühsommer an Laubbäumen, z. B. Weißdorn *(Crataegus),* auch an Obstbäumen.

42. Seggenflechtenspinner, *Thumatha senex*

Merkmale: Vfl. 8–10 mm. Die Grundfarbe ist gelblichgrau und die Flügel erscheinen fast durchsichtig. Die Art ist dunkler und deutlicher gezeichnet als die ähnliche *Nudaria mundana,* die im gleichen Gebiet vorkommt.

Verbreitung: Über ganz Europa, aber sehr lokal, in Fennoskandien bis 66° nördl. Breite.

Vorkommen und Lebensweise: Die Art fliegt weit verbreitet aber lokal von Juni bis August auf Sumpfwiesen. Die Raupe lebt überwinternd an Lebermoosen *(Hepaticae).*

43. Weißliches Laub-Grauspinnerchen, *Meganola albula*

Merkmale: Vfl. 10–12 mm. Die Grundfarbe ist weiß mit einem braunen unscharf begrenzten Band über den Flügeln. Die übrigen Zeichnungen sind schwächer braun. Es gibt noch einige weitere ähnliche Arten, die aber alle kleiner und dunkler sind als *albula.*

Verbreitung: Lokal in Mitteleuropa, fehlt im nördlichen Alpenvorland.

Vorkommen und Lebensweise: Die Art fliegt auf Waldlichtungen und -rändern von Juni bis August. Die Raupe lebt an verschiedenen *Rubus*-Arten, überwinternd bis Juni.

44. Dottergelber Mottenspinner, *Setina irrolella*

Merkmale: Vfl. 10–15 mm. Die Grundfarbe ist orangegelb mit kleinen schwarzen Flecken. Es gibt in Europa noch eine Reihe weiterer Arten, die teilweise schwer zu unterscheiden sind.

Verbreitung: Über ganz Europa, aber lokal.

Vorkommen und Lebensweise: Die Art fliegt in einer Generation von Mai bis August auf trockenen warmen Böden, in den Alpen bis 3000 m. Die Falter kann man tagsüber leicht aus der Vegetation aufscheuchen. Die Raupe lebt überwinternd bis Juni auf Stein- und Erdflechten.

45. Elfenbeinflechtenspinner, *Cybosia mesomella*
Merkmale: Vfl. 12–17 mm. Die Grundfarbe der Vorderflügel ist rahmfarben mit zwei schwarzen Flecken. Die Hinterflügel sind blaugrau. Durch die breiten Vorderflügel ist die Art leicht zu erkennen.
Verbreitung: Über ganz Europa nordwärts bis 64° nördl. Breite.
Vorkommen und Lebensweise: Die Art ist stellenweise häufig und die Falter findet man auf sonnigen und trockenen Plätzen, Waldlichtungen, Heiden und ähnlichem. Die Falter können während der Flugzeit von Juni bis August tagsüber aus der Vegetation aufgescheucht werden. Die Raupe lebt überwinternd an Flechten.

46. Vierpunktmotte, *Lithosia quadra*
Merkmale: Vfl. 20–28 mm. Das Männchen ist grau mit bläulichem Vorderrand nahe der Flügelwurzel, wo die Flügel sonst gelblich sind. Das Weibchen ist größer, gelb mit zwei blauen Flecken. Die Art ist durch ihre Größe leicht zu erkennen.
Verbreitung: Über große Teile Europas bis Südschweden und an der finnischen Südküste.
Vorkommen und Lebensweise: Die Art tritt in periodisch wechselnder Häufigkeit auf und ist in manchen Jahren selten. Sie steigt im Gebirge bis über 2000 m hoch und die Falter erscheinen von Juli bis September. Sie bevorzugen Wälder, wo die Raupe von Flechten an den Baumstämmen lebt.

47. Kammerjungfer, *Dysauxes ancilla*
Merkmale: Vfl. 12–14 mm. Die Grundfarbe ist braun mit drei weißen Flecken. Im südlichen Europa gibt es mehrere ähnliche Arten.
Verbreitung: Fehlt im nördlichen Europa und tritt im Süden häufiger auf.
Vorkommen und Lebensweise: Die Art ist lokal verbreitet und fehlt nördlich des deutschen Mittelgebirges, sowie im nördlichen Alpenvorland und in den Nordalpen. Die Falter fliegen sowohl tags als auch nachts von Juli bis August in trockenen Laubwäldern. Die Raupe lebt überwinternd an Flechten und Moosen.

48. Mausgrauer Flechtenspinner, *Pelosia muscerda*
Merkmale: Vfl. 12–16 mm. Die Grundfarbe ist grau und die schwarzen Flecken auf den Flügeln bilden ein T, wodurch sich die Art von der ähnlichen *optusa* unterscheidet, bei der die Flecken einen rechten Winkel bilden. Außerdem gibt es noch eine Reihe ähnlicher Flechtenspinner, die eine graue oder blaugraue Grundfarbe besitzen, jedoch keine Flecken aufweisen. Sie ähneln einander sehr.
Verbreitung: In Europa lokal verbreitet, in Fennoskandien bis Südschweden und Südfinnland.

Vorkommen und Lebensweise: Die Falter fliegen auf feuchten Stellen, Wäldern, Torfmooren und dergleichen in einer Generation von Juni bis September. Die Raupe lebt an Flechten und welken Blättern.

49. Rosenmotte, *Miltochrista miniata*
Merkmale: Vfl. 12–14 mm. Die Grundfarbe ist auffallend rot mit wechselnd starken gelblichen Anteilen. Die Zeichnungen sind schwarz. In unserem Gebiet kann die Art mit keiner anderen verwechselt werden.
Verbreitung: Über ganz Europa nordwärts bis Südschweden und Südfinnland.
Vorkommen und Lebensweise: Die Art ist in Laubwäldern weit verbreitet, aber immer recht einzeln. Sie fliegt manchmal auch tagsüber und besucht Blüten. Die Falter erscheinen in einer Generation von Juli bis August. Die Raupe lebt überwinternd an Flechten.

50. Pappelflechtenspinner, *Eilema complana*
Merkmale: Vfl. 15–17 mm. Die Grundfarbe ist blaugrau mit gelbem Vorderrand, der bis zur Flügelspitze reicht. Die Hinterflügel sind hellgelb. In Europa gibt es noch ein Dutzend ähnlicher Arten, die sich teils durch die Grundfarbe, teils durch die Länge und Breite des gelben Vorderrands unterscheiden.
Verbreitung: Über ganz Europa, nordwärts bis 62° nördl. Breite.
Vorkommen und Lebensweise: Die Art ist fast überall recht häufig, sie fliegt von Juni bis August in Wäldern und auf trockenen Böden, im Gebirge bis 1400 m. Die Raupe lebt überwinternd an Flechten von Steinen und Baumstämmen.

51. Rothals, *Atolmis rubricollis*
Merkmale: Vfl. 13–18 mm. Die Grundfarbe ist schwarz, der Halskragen leuchtend rot und die hintere Hälfte des Hinterleibs orange. Kann mit keiner anderen Art verwechselt werden.
Verbreitung: Europa nordwärts bis 62° nördl. Breite.
Vorkommen und Lebensweise: In Wäldern meist nicht selten, in den Bergen bis 1900 m. Die Falter können tagsüber leicht aus der Vegetation aufgescheucht werden. Sie erscheinen in einer Generation von Mai bis August. Die Raupe lebt an den Flechten von Baumstämmen und Zweigen.

52. Stutzflügelzygäne, *Syntomis phegea*
Merkmale: Vfl. 15–18 mm. Die Grundfarbe ist blauschwarz mit weißen Flekken, am Hinterleib ein gelber Ring. Eine ähnliche Art, *mariana,* die mehr in der Südhälfte des Gebiets vorkommt, unterscheidet sich hauptsächlich durch eine andere Größe der weißen Flecken auf dem Hinterflügel.
Verbreitung, Vorkommen und Lebensweise: Die Art ist in Mitteleuropa weit verbreitet, fehlt aber im nordeuropäischen Flachland und in Fennoskandien. Sie kommt lokal auf trockenen warmen Plätzen von Juni bis August vor.

53. Weißer Grasbär, *Coscinia cribraria*
Merkmale: Vfl. 16–21 mm. Die Grundfarbe ist weißgrau mit schwarzen Flekken. Die Hinterflügel sind grau. Beim Weibchen dichtere Flecken.

Verbreitung: Über Mitteleuropa bis zum mittleren Fennoskandien.
Vorkommen und Lebensweise: Die Art fliegt lokal auf Heideflächen und in lichten Wäldern, fehlt aber im Alpenvorland und in den Bergen über 2000 m. Die Falter erscheinen von Juni bis September in zwei bis drei Generationen. Eine verwandte Art, *striata,* mit gelber Grundfarbe und schwarzen Streifen, zeigt eine ähnliche Verbreitung und Häufigkeit. Die Raupe lebt an niederen Heidepflanzen.

54. Zimtbär, *Phragmatobia fuliginosa*
Merkmal: Vfl. 13–19 mm. Die Grundfarbe der Vorderflügel ist zimtbraun, die Hinterflügel dagegen sind rot mit mehr oder weniger schwarzer Bestäubung.
Verbreitung: Europa.
Vorkommen und Lebensweise: Die Art ist häufig und weit verbreitet und fliegt im Hügelland auf Waldlichtungen, Wiesen und Heiden. Sie steigt in den Alpen bis 3000 m. Die Falter erscheinen in zwei Generationen von Mai bis August. Die Raupe der ersten Generation überwintert. Sie lebt an krautigen Pflanzen.

55. Wegerichbär, *Parasemia plantaginis*
Merkmale: Vfl. 14–20 mm. Die Grundfarbe ist gelb oder weiß mit schwarzen oder braunen Zeichnungen. Die Hinterflügel sind rot, orange oder weiß mit dunkelbraunen Zeichnungen. Die Art ist außerordentlich variabel, kann durch ihre dunklen Zeichnungen aber kaum mit einer anderen verwechselt werden.
Verbreitung: Über den größten Teil Europas.
Vorkommen und Lebensweise: Die Art bewohnt vorzugsweise Berggegenden, wo sie lokal aber oft häufig auf Wiesen, Waldlichtungen und Heiden gefunden werden kann. Die Falter fliegen am Tage von Mai bis August und steigen in den Alpen bis 3000 m. Die Raupe lebt auf verschiedenen niederen Pflanzen.

56. Brauner Bär, *Arctia caja*
Merkmale: Vfl. 25–33 mm. Die Vorderflügel sind weiß mit einem braunen Muster. Die Hinterflügel rot mit blauen Flecken. Die Art variiert sehr stark sowohl in der Grundfarbe als auch in der Zeichnung. Es gibt auch gelbe, cremefarbene oder ganz schwarze Individuen. Nahe verwandt ist der nur in den Hochalpen fliegende Gelbe Bär, *flavia,* mit gelber Grundfarbe und brauner Zeichnung und der sehr ähnliche Augsburger Bär, *matronula,* der etwas größer ist und gelbe Flecken auf dem braunen Vorderflügel aufweist.
Verbreitung: In Europa weit verbreitet, nordwärts bis Lappland.
Vorkommen und Lebensweise: Der Falter ist überall recht häufig und fliegt in Wäldern und Gärten von Juni bis August. Auch die Raupe ist oft zu sehen, sie ist mit langen schwarzbraunen und rostroten Haaren versehen und gleicht so einem Stück Bärenfell. Sie lebt an krautigen Pflanzen und Büschen und überwintert. Raupe: s. Nr. 345.

57. Gelber Fleckleibbär, *Spilosoma luteum*
Merkmale: Vfl. 17–22 mm. Die Grundfarbe ist gelb mit braunen Flecken, das Weibchen ist mehr weißlich gelb.

Verbreitung: Europa, in Fennoskandien bis 62° nördl. Breite.
Vorkommen und Lebensweise: Die Art ist weit verbreitet und häufig und steigt im Gebirge bis 1800 m. Die Falter fliegen von Mai bis August, im Süden in einer etwas kleineren zweiten Generation. Sie fliegen mit besonderer Vorliebe zur Zeit des Sonnenaufgangs. Die Raupe lebt bis zum Herbst an krautigen Pflanzen und niederen Büschen. Die Puppe überwintert.

58. Punktierter Fleckleibbär, *Spilosoma lubricipeda (menthastri)*
Merkmale: Vfl. 17–22 mm. Die Grundfarbe ist weiß mit schwarzen Flecken überstäubt, deren Lage und Anzahl variieren kann. Der Hinterleib ist orangegelb. In Mitteleuropa kommt auch *urticae* vor, die sich durch schmalere Vorderflügel und ungefleckte Hinterflügel unterscheidet.
Verbreitung: Ganz Europa, in Fennoskandien bis 64° nördl. Breite.
Vorkommen und Lebensweise: Weit verbreitet und meist häufig in verschiedensten Lokalitäten. Die Falter fliegen von Mai bis Juli, in den Alpen bis 1600 m, im Süden oft eine zweite Generation. Die Raupe lebt im Spätsommer an verschiedenen niederen Pflanzen.

59. Rotrandbär, *Diacrisia sannio*
Merkmale: Vfl. 19–24 mm. Das Männchen hat gelbe Vorderflügel mit einem roten Mittelfleck und grauschwarzem Hinterflügel. Das Weibchen ist etwas kleiner und hat orange Vorderflügel mit roten Zeichnungen und fast ganz schwarzen Hinterflügeln. Die Art ist kaum mit anderen zu verwechseln.
Verbreitung: Fast über ganz Europa verbreitet, im Norden bis 68° nördl. Breite.
Vorkommen und Lebensweise: Fliegt auf feuchten Wiesen, Mooren und Heiden in ein bis zwei Generationen von April bis September, im Gebirge bis 2400 m. Die Männchen fliegen zu allen Tageszeiten, besonders häufig aber in der Dämmerung. Die Raupe lebt überwinternd an niederen Pflanzen.

60. Hellgrauer Fleckleibbär, *Diaphora mendica*
Merkmale: Vfl. 13–16 mm. Die Grundfarbe des Männchens ist braunschwarz, beide Flügel des Weibchens sind weiß. Das Männchen kann auch in einer helleren Form auftreten.
Verbreitung: Über ganz Europa, aber sehr lokal, nordwärts bis 64° nördl. Breite.
Vorkommen und Lebensweise: Die Art fehlt an manchen Stellen und ist meist nicht häufig. Sie steigt in den Alpen bis 1600 m. Die Falter fliegen von April bis Juli in einer, im Süden in zwei Generationen. Die Art ist nicht besonders wählerisch in ihren Lebensräumen, lebt aber besonders in Wäldern und an buschigen Hängen. Die Raupe ist im Spätsommer an niederen Pflanzen.

61. Schwarzer Bär, *Arctia villica*
Merkmale: Vfl. 24–30 mm. Die Vorderflügel sind hellgelb mit schwarzen Zeichnungen. Die Hinterflügel kräftig gelb mit einzelnen braunen Flecken. Es kommen noch einige ähnliche Bärenspinner vor, die aber recht selten sind.

Verbreitung: In Mitteleuropa lokal an wärmeren Stellen, fehlt den Alpen, dem Vorland und der nordeuropäischen Tiefebene. Im Süden und Osten Europas ist die Art häufiger.
Vorkommen und Lebensweise: Die Art lebt auf warmen trockenen Waldlichtungen und grasigen Plätzen und erscheint in einer Generation von Mai bis Juli. Die Raupe findet man an krautigen Pflanzen und Büschen.

62. Spanische Fahne, *Callimorpha dominula*
Merkmale: Vfl. 22–28 mm. Die Grundfarbe ist metallisch glänzend und schwarz, mit weißen und gelben Flecken. Die Hinterflügel sind rot mit schwarzen Zeichnungen. Die Art ist kaum mit anderen europäischen Arten zu verwechseln.
Verbreitung: Über große Teile Europas nordwärts bis Mittelschweden und Südfinnland, aber sehr lokal.
Vorkommen und Lebensweise: Die Falter fliegen bei Tage in feuchten Wäldern, auf Waldlichtungen und in Bachschluchten. Lokal, aber recht häufig. Die Flugzeit ist von Juni bis August. Die Raupen leben vom Herbst an überwinternd an Kräutern, an Vergißmeinnicht *(Myosotis),* Nesseln *(Lamium)* und anderen Pflanzen.

63. Zeckenfindiger Bär, *Eucharia casta*
Merkmale: Vfl. 15–18 mm. Das Männchen ist hellbraun und rosa, mit dunkleren Bändern. Das Weibchen dagegen ist stärker rötlich, besonders auf den Hinterflügeln. In Europa gibt es einige ähnliche Arten.
Verbreitung, Vorkommen und Lebensweise: In Süd- und Mitteleuropa sehr lokal bis Süddeutschland. Im Süden ist die Art manchmal häufig, die Falter fliegen in einer Generation im Mai. Die Raupe lebt von Juni bis September an Labkraut *(Galium)* und anderen Pflanzen.

64. Jakobskrautbär, *Thyria jacobaea*
Merkmale: Vfl. 17–20 mm. Die Grundfarbe der Vorderflügel ist schwarz mit roten Zeichnungen. Die Hinterflügel sind rot. Kann mit keiner anderen Art verwechselt werden.
Verbreitung: Ganz Europa, aber stellenweise lokal. Nordwärts bis Mittelschweden.
Vorkommen und Lebensweise: Die Art fliegt auf trockenen Wiesen und Berghängen, in den Alpen bis 1600 m Höhe. Die Falter sind nachts aktiv, können aber tags leicht aus der Vegetation aufgescheucht werden. Flugzeit ist von Mai bis August, im Süden stellenweise eine zweite Generation im Spätsommer. Die Raupe lebt an Jakobskreuzkraut *(Senecio jacobaea),* aber auch an Huflattich *(Tussilago)* und Pestwurz *(Petasites).*

65. Quensels Bär, *Orodemnias quenselii*
Merkmale: Vfl. 15–18 mm. Die Grundfarbe ist gelb mit schwarzen Längszeichnungen. Die Hinterflügel sind rauchfarbig mit gelbem Saum.
Verbreitung, Vorkommen und Lebensweise: Diese alpine Art fliegt nur in den

Alpen über 2000 m und in Fennoskandien nördlich von 68° nördl. Breite. Die Falter erscheinen im Juli und August sehr lokal und selten. Zu finden sind sie auf Geröllfeldern, Matten und sumpfigen Stellen. Sie fliegen am Tage. Die Raupe lebt an niederen Pflanzen und überwintert oft zweimal.

66. Russischer Bär, *Euplagia quadripunctaria*
Merkmale: Vfl. 22–26 mm. Die Vorderflügel sind dunkel metallisch glänzend mit weißen Teilflecken. Die Hinterflügel sind rot mit schwarzen Zeichnungen.
Verbreitung: Die Art ist in Süd- und Mitteleuropa weit verbreitet, fehlt aber nördlich der deutschen Mittelgebirge.
Vorkommen und Lebensweise: Die Falter fliegen lokal auf sonnigen und trokkenen Hängen, oft in großer Anzahl. Tagsüber besuchen sie von Juli bis August gerne die Blüten von Disteln und Dost. Berühmt geworden sind die großen Versammlungen dieser Art in einem feuchten Tal auf der Insel Rhodos, wo sich die Tiere vor der größten Hitze und Trockenheit schützen. Die Raupe lebt an niederen Pflanzen.

67. Punktbär, *Utetheisa pulchella*
Merkmale: Vfl. 16–19 mm. Die Grundfarbe ist gelblich weiß und mit roten und schwarzen Flecken überstreut. Die Hinterflügel sind weiß mit einem unregelmäßigen braunen Saum. Sie ist leicht erkennbar.
Verbreitung: Die Art ist in Mitteleuropa nicht bodenständig, sondern nur in den Subtropen und Tropen.
Vorkommen und Lebensweise: Die Falter wandern im Frühsommer in wechselnder Häufigkeit weit nach Norden und pflanzen sich dort fort. Die sich daraus entwickelnden Tiere können noch weiter nordwärts vordringen. Die normalerweise überwinternden Raupen sterben jedoch während des Winters. Sie leben an verschiedenen Rauhblattgewächsen *(Boraginaceae).*

68. Olivenbrauner Bär, *Hyphoraia aulica*
Merkmale: Vfl. 15–20 mm. Die Grundfarbe ist braun mit gelben Flecken, die Hinterflügel sind gelb mit schwarzen Zeichnungen. Das Weibchen ist heller gefärbt.
Verbreitung: In Mitteleuropa lokal und vielerorts fehlend, nordwärts bis Mittelschweden und Südfinnland.
Vorkommen und Lebensweise: Die Falter fliegen auf warmen und sandigen Plätzen von Mai bis Juni, die Männchen sowohl tags als auch nachts, die Weibchen dagegen nur nachts. Die Raupe lebt überwinternd an niederen Pflanzen.

Familie Wollrückenspinner, *Thyatiridae*

Diese kleine Spinnerfamilie erinnert an die Eulenfalter *(Noctuidae),* von denen sie sich jedoch durch anderes Geäder und durch die Lage der Gehörorgane unterscheidet. Die Raupen sind nackt und leben zwischen lose zusammengesponnenen Blättern.

69. Achateule, *Habrosyne pyritoides*
Merkmale: Vfl. 15–21 mm. Die Grundfarbe ist graubraun mit gelber oder roter Zeichnung. Die Art ist leicht zu erkennen, da es in unserem Gebiet keine ähnlichen Arten gibt.
Verbreitung: Europa, nordwärts bis Südschweden.
Vorkommen und Lebensweise: Die Art ist weit verbreitet und recht häufig in Wäldern, Gärten und Parks. Die Falter fliegen von Juni bis Juli. Einzelne Exemplare schlüpfen schon im Herbst und fliegen im Oktober. Die Raupe lebt im Spätsommer an Himbeeren und Brombeeren *(Rubus spp.)*.

70. Roseneule, *Thyatira batis*
Merkmale: Vfl. 14–18 mm. Die Grundfarbe ist grau mit großen hellroten Flekken. Leicht kenntlich.
Verbreitung: Über große Teile Europas, in Fennoskandien bis 64° nördl. Breite.
Vorkommen und Lebensweise: Die Art ist nicht selten, in den Alpen bis 1500 m. Die Falter fliegen von Mai bis Juni und von August bis September in lichten Laubwäldern. Die Raupe lebt an Himbeeren und Brombeeren *(Rubus spp.)*.

71. Braungebänderter Wollrückenspinner, *Tethea or*
Merkmale: Vfl. 16–20 mm. Die Grundfarbe ist graubraun mit grünlichen Zeichnungen, die auf der Flügelmitte den Buchstaben OR ähneln. Die Querlinien verlaufen nicht parallel mit dem Saum. Es gibt noch eine Anzahl sehr ähnlicher Arten. Mehrere von diesen fliegen früh oder relativ spät im Jahr.
Verbreitung: Über ganz Europa, in Fennoskandien weit nach Norden.
Vorkommen und Lebensweise: Weit verbreitet und meist nicht selten in zwei Generationen von April bis Juni und von Juli bis September. Die Falter bevorzugen besonders Espen- und Pappelwälder *(Populus),* weil das die Futterpflanzen der Raupen sind.

Familie Augenspinner, *Saturniidae*

Diese Familie setzt sich vor allem aus tropischen Arten zusammen und nur wenige von ihnen kommen in Europa vor. Zu dieser Familie gehören die größten Schmetterlinge. Die Flügel sind breit und von recht variierender Form, während die Fühler immer doppelt gekämmt sind. Die Raupen fertigen zur Verpuppung immer sehr kunstvolle Kokons an, die bei einigen asiatischen Arten die sogenannte Wildseide liefern.

72. Isabellaspinner, *Graellsia isabellae*
Merkmale: Vfl. 38–45 mm. Die Grundfarbe ist grasgrün mit breiten, rotbraunen Streifen längs der Adern und entlang der Flügelränder. Die Hinterflügel sind beim Männchen zu langen Schwänzen ausgezogen, die beim Weibchen wesentlich kürzer sind. Auf allen Flügeln befindet sich ein großer Augenfleck.

Verbreitung, Vorkommen und Lebensweise: In Europa nur im zentralen Spanien und an einer eng begrenzten Stelle in Südfrankreich. Die Falter fliegen von Mai bis Juni. Die Raupe lebt im Juli an der Mittelmeerkiefer *(Pinus maritimus).*

73. Großes oder **Wiener Nachtpfauenauge,** *Saturnia pyri*
Merkmale: Vfl. 67–80 mm. Die Grundfarbe ist aus grauen und bräunlichen Farbtönen zusammengesetzt. Auf jedem Flügel ein Augenfleck. Es ist Europas größter Schmetterling und schon deshalb leicht zu erkennen.
Verbreitung: In Südeuropa, nach Norden bis ins Elsaß, die Westschweiz und die südlichen Alpentäler.
Vorkommen und Lebensweise: In ihrem Verbreitungsgebiet ist die Art meist nicht selten. Die Falter fliegen von Mai bis Juni nachts an Waldrändern, Gebüschen und in Obstgärten. Die Raupen leben an Obstbäumen und können gelegentlich Schäden anrichten.

74. Kleines Nachtpfauenauge, *Saturnia pavonia*
Merkmale: Vfl. 21–35 mm. Das Männchen ist kleiner und hat kräftig gekämmte Fühler. Die Grundfarbe ist grau, braun, weiß und rot. Die Hinterflügel sind orange. Auf beiden Flügeln ein bläulicher Augenfleck. Die Flügel des Weibchens sind hellgrau. Im südlichen Mitteleuropa kommt auch das Mittlere Nachtpfauenauge, *S. spini* vor, das dem Weibchen von *pavonia* gleicht, aber größer ist. (Vfl. 32–45 mm).
Verbreitung: Über ganz Europa, nordwärts bis zum mittleren Fennoskandien.
Vorkommen und Lebensweise: Die Art kommt fast überall vor, besonders auf Heiden, Mooren und in Auen. Auf der Suche nach dem Weibchen fliegt das Männchen tagsüber sehr schnell. Das Weibchen fliegt nur nachts. Die Falter erscheinen von April bis Juni. Die Raupe lebt im Sommer an verschiedenen Pflanzen. Raupe: s. Nr. 346.

75. Nagelfleck, *Aglia tau*
Merkmale: Vfl. 28–38 mm. Das Weibchen ist größer und heller als das Männchen. Bei beiden ist die Grundfarbe orangebraun mit blauen Augenflecken auf beiden Flügeln. Es gibt auch dunkle und ganz schwarze Formen.
Verbreitung: In größten Teilen Europas, nordwärts bis etwa 62° nördl. Breite.
Vorkommen und Lebensweise: Im Frühjahr, wenn die Buchenblätter austreiben, sieht man die Männchen bei Tage in raschem Flug durch die Buchenwälder eilen. Das Weibchen dagegen fliegt nur nachts. Die Raupe lebt im Sommer an Buchen, im Norden auch an Birken.

Familie Glucken, *Lasiocampidae*

Die Familie umfaßt mehr als 1000 Arten, die über die ganze Erde verteilt sind und auch in größerer Anzahl in unserem Gebiet vorkommen. Die mittelgroßen bis großen Schmetterlinge haben breite Flügel, die in Ruhestellung dachförmig zusammengefaltet werden. Die Fühler der Männchen sind stark gekämmt, die der Weibchen viel kürzer. Der Saugrüssel ist verkümmert und die Falter nehmen deshalb keine Nahrung zu sich. Die Zahl der Eier ist oft recht groß. Die Raupen sind lang behaart und können mit ihren Haaren beim Menschen Hautentzündungen hervorrufen.

76. Pappelspinner, *Poecilocampa populi*
Merkmale: Die Vfl. 15–22 mm. Die Grundfarbe ist blaugrau, die Hinterflügel sind grau. Die Flügel sind so dünn beschuppt, daß sie fast durchsichtig wirken. In den Alpen gibt es eine nah verwandte Art *alpina.* Außerdem kommen in der ähnlichen Gattung *Eriogaster* noch vier weitere Arten vor, von denen der Wollafter *E. lanestris* am häufigsten ist. Er ist gleich groß, aber von viel stärkerer brauner Farbe.
Verbreitung: Fast über ganz Europa, nordwärts bis Lappland.
Vorkommen und Lebensweise: Die Art ist weit verbreitet und meist nicht selten. Sie erscheint sehr spät im Jahr, von Oktober bis Dezember und lebt in Wäldern, Parks, Gärten und an ähnlichen Stellen. Die Raupe findet man im Sommer an verschiedenen Laubbäumen.

77. Kupferglucke, *Gastropacha quercifolia*
Merkmale: Vfl. 27–40 mm. Die Grundfarbe ist braun mit violettem Schimmer. In Ruhestellung werden die Vorderflügel seitwärts so angelegt, daß die Hinterflügel darunter viel weiter wegstehen und eine charakteristische Erscheinung bilden, die zusammen mit der Färbung an ein altes Blatt erinnert.
Verbreitung: In ganz Europa, nordwärts bis etwa Mittelschweden.
Vorkommen und Lebensweise: Die Art ist weit verbreitet und recht häufig. Die Falter erscheinen von Juli bis August, im Süden in zwei Generationen. Man findet sie in Gärten und Parks, auf Mooren und anderswo. Die gut getarnte Raupe überwintert und lebt an Weiden *(Salix)* und Obstbäumen. Es gibt noch drei andere recht ähnliche Arten mit gleicher Lebensweise.

78. Eichenspinner, *Lasiocampa quercus*
Merkmale: Vfl. 25–42 mm. Das Weibchen ist viel größer als das Männchen. Das Männchen ist kastanienbraun mit einem gelben Querband, das Weibchen hell gelbbraun mit einem sehr hellen Band. Es gibt auch Formen mit wechselnd dunkler Grundfarbe und grünlichem Querband. Das Männchen kann auch rotlila gefärbt sein.
Verbreitung: Europa, nordwärts bis Lappland.
Vorkommen und Lebensweise: Die Falter fliegen von Mai bis August in lichten Wäldern, auf Heiden und in zahlreichen anderen Lebensräumen. Die Männchen fliegen am Tage, die Weibchen nachts. Die Raupe lebt an Laubbäumen und -büschen, aber auch an Heidekraut und anderen Zwergsträuchern. Raupe: s. Nr. 347.

79. Kiefernspinner, *Dendrolimus pini*
Merkmale: Vfl. 27–40 mm. Die Grundfarbe des Männchens variiert von braun bis grau, zeigt aber meist ein Gemisch dieser Farben. Die Hinterflügel sind bräunlich. Das Weibchen ist mehr grau, größer und hat schwächer gekämmte Fühler.
Verbreitung: Europa, nordwärts bis 66° nördl. Breite.
Vorkommen und Lebensweise: Die Falter fliegen von Juni bis August in wechselnder Häufigkeit an den verschiedensten Stellen, vor allem wo die Futterpflanze der Raupe, die Kiefer *(Pinus),* wächst. Bei starker Vermehrung können die überwinternden Raupen großen Schaden anrichten.

80. Grasglucke, Trinker, *Philudoria potatoria*
Merkmale: Vfl. 21–32 mm. Das Männchen ist kleiner und dunkler als das Weibchen. Es ist in der Regel braunrot mit gelblichen Streifen um dunklere Linien. Das Weibchen ist einfarbig gelbbraun. In die nähere Verwandtschaft gehört auch der Brombeerspinner, *Macrothylatia rubi,* und der Kleespinner, *Lasiocampa trifolii,* die beide recht häufig sind. Die Männchen des ersteren sind braun mit hellen Linien und einem grauen Weibchen, die des letzteren fast einfarbig braun mit nur sehr schwacher Querlinie.
Verbreitung: Über ganz Europa, einzeln bis zum mittleren Fennoskandien.
Vorkommen und Lebensweise: In lichten Wäldern und Auen weit verbreitet, besonders noch auf feuchten Böden mit reichlichem Grasbewuchs. Die Falter fliegen von Juni bis August, manchmal am Nachmittag. Die Raupe lebt an harten Gräsern und nimmt gerne Wassertropfen zu sich.

81. Ringelspinner, *Malacosoma neustria*
Merkmale: Vfl. 13–19 mm. Das Weibchen ist größer als das Männchen. Die Grundfarbe des Falters ist hell bräunlich mit dunkleren Linien. Die Falter variieren sehr stark in ihrer Färbung. Bei uns gibt es mehrere andere Arten, darunter den Wolfsmilchspinner, *M. castrensis,* mit stärker gelblichen Männchen und einem dunkleren Weibchen, das hellere Linien aufweist, und den Weißdornspinner, *Trichiura crataegi,* der eine weißgraue Grundfarbe besitzt.
Verbreitung: Über große Teile Europas verbreitet, nordwärts bis Mittelschweden.
Vorkommen und Lebensweise: Die Art ist in wechselnder Häufigkeit in Hecken, Gärten und Laubwäldern verbreitet. Die Falter fliegen von Juni bis September. Die Raupen leben in Gesellschaften vor allem an Obstbäumen und sind nicht selten schädlich. Die Eier werden in charakteristischen Ringen um Zweige abgelegt. Davon wurde ihr deutscher Name abgeleitet.

82. Mondfleckglucke, *Cosmotriche lunigera*
Merkmale: Vfl. 18–25 mm. Die Grundfarbe ist dunkelgrau mit weißen und hellgrauen Linien. Das Weibchen ist etwas größer als das Männchen und mehr einfarbig. Früher war eine hellgraue Form vorherrschend, in den letzten Jahrzehnten ist sie aber fast völlig verschwunden.

Verbreitung: In Belgien, Mitteldeutschland und südlich davon, weiter in Mittelschweden und Finnland.
Vorkommen und Lebensweise: Die Art ist an große Nadelwälder gebunden und tritt recht sporadisch auf. Die Falter fliegen in zwei getrennten Stämmen von Mai bis Juni und von Juli bis August. Die Raupe lebt an Nadelbäumen und überwintert.

83. –, *Pachypasa lineosa*
Merkmale: Vfl. 18–20 mm. Die Grundfarbe der Vorderflügel ist aschgrau mit einem schrägen weißen Band, das schwarz eingesäumt ist. Die Hinterflügel sind mehr braungrau.
Verbreitung, Vorkommen und Lebensweise: Südfrankreich, Spanien und andere Mittelmeergebiete. Die Falter fliegen von Mai bis Juni und die Raupen leben an Zypressen *(Cupressus).*

Familie *Lemoniidae*

Die Familie umfaßt nur wenige Arten, die in subtropischen und gemäßigten Breiten vorkommen und den Glucken ähneln.

84. Habichtskrautspinner, *Lemonia dumi*
Merkmale: Vfl. 21–25 mm. Das Weibchen ist etwas größer als das Männchen mit schwächer gekämmten Fühlern. Die Grundfarbe ist dunkel schwarzbraun mit hellgelben Linien. Sie ist leicht erkennbar. Im südlichen Mitteleuropa gibt es auch *L. taraxaci* mit einfarbig gelben Flügeln und dunklem Leib.
Verbreitung: Lokal über große Teile Europas, nordwärts bis Mittelschweden und Südfinnland.
Vorkommen und Lebensweise: Die Falter fliegen sehr lokal und selten. Von September bis November sind sie auf trockenen Wiesen zu finden, die Männchen am Tage, die Weibchen nachts. Die Raupe lebt im Sommer an Löwenzahn *(Taraxacum),* Habichtskraut *(Hieracium)* und anderen niederen Pflanzen. Die Puppe kann mehrmals überwintern.

Familie *Endromididae*

Die Familie enthält nur eine eurasiatische Art.

85. Birkenspinner, *Endromis versicolora*
Merkmale: Vfl. 25–45 mm. Das Weibchen ist viel größer und heller als das Männchen und hat schwächer gefiederte Fühler. Die Grundfarbe ist lebhaft braun mit weißen und schwarzen Zeichnungen. Die Art ist kaum mit anderen zu verwechseln.

Verbreitung: In Europa in Wäldern und Auen mit Birken weit verbreitet, nach Norden fast über ganz Fennoskandien.
Vorkommen und Lebensweise: Die Art ist in Birkenbeständen oft recht häufig und die Männchen fliegen von März bis Mai bei Tage. Die Weibchen dagegen sind nur nachts aktiv. Die Raupen leben in kleinen Gesellschaften an verschiedenen Laubbäumen, besonders an Birken *(Betula).*

Familie Sichelflügler, *Drepanidae*

Viele Arten dieser kleinen Familie erinnern an Spanner *(Geometridae).* Oft ist die Spitze des Vorderflügels sichelartig ausgezogen. Die schlanken Raupen sind fast nackt und haben weniger Beinpaare als Schmetterlingsraupen sonst. Sie leben an Laubbäumen, wo sie sich auch zwischen zusammengesponnenen Blättern verpuppen.

86. Weißer Sichelflügel, *Drepana falcataria*
Merkmale: Vfl. 13–17 mm. Die Grundfarbe ist grau oder bräunlich, besonders die Hinterflügel sind verhältnismäßig hell und schwach gezeichnet.
Verbreitung: Ganz Europa, weite Teile Fennoskandiens.
Vorkommen und Lebensweise: Die Falter findet man in lichten Wäldern, Hainen und Heiden mit Birkenbeständen. Die Entwicklung erfolgt in zwei Generationen von April bis Juni und von Juli bis August. Die Tiere der Sommergeneration sind kleiner und feiner gezeichnet. Die Raupe lebt an Birke *(Betula)* und Erle *(Alnus).*

87. Erlen-Sichelflügel, *Drepana curvatula*
Merkmale: Vfl. 15–20 mm. Die Grundfarbe ist auf beiden Flügeln braun mit dunkleren Linien, die sich auch auf den Hinterflügeln fortsetzen. Bei uns sind noch mehrere ähnliche Arten bekannt, die stellenweise sehr häufig sein können. Sie sind alle heller und nicht so scheckig.
Verbreitung: Über große Teile Europas, nach Norden bis zum mittleren Fennoskandien.
Vorkommen und Lebensweise: Die Art ist recht lokal und meist selten. Die Falter fliegen in zwei Generationen von Mai bis Juni und von Juli bis August. Man findet sie in feuchten Laubwäldern mit Birken *(Betula)* und Erlen *(Alnus),* den Futterpflanzen der Raupen.

88. Echsen-Sichelflügel, *Drepana lacertinaria*
Merkmale: Vfl. 14–20 mm. Die Grundfarbe ist gelblichbraun, die Hinterflügel sind mehr weißlich. Der gezackte Flügelsaum macht die Art leicht kenntlich.
Verbreitung: Ganz Europa einschließlich Fennoskandien.
Vorkommen und Lebensweise: In Wäldern, Auen und auf Heiden findet man die Art in zwei Generationen von Mai bis Juni und von Juli bis August. Die Falter sitzen tags mit flach ausgebreiteten Flügeln auf Blättern. Die Ähnlichkeit mit welken Blättern ist sehr auffallend. Die Raupe lebt überwinternd an Birke.

89. Weißer Glanzspinner, *Cilix glaucata*
Merkmale: Vfl. 10–12 mm. Die Grundfarbe ist weißlich mit olivgrün glänzenden Flecken. Die Frühjahrstiere sind dunkler als die Sommertiere. Wegen ihrer geringen Größe ist die Art schon durch ihr Äußeres leicht zu erkennen.
Verbreitung: Über große Teile Europas, nordwärts bis Südschweden.
Vorkommen und Lebensweise: Die Art tritt lokal auf und ist meist häufig. Sie bevorzugt lichten Bewuchs wie Hecken, Wegränder mit Schlehen *(Prunus)*, Weißdorn *(Crataegus)* und Obstbäumen, den Nahrungspflanzen der Raupen. Von Mai bis August entwickeln sich zwei Generationen.

Familie Fensterschwärmerchen, *Thyrididae*

Von den kleinen, überwiegend tropischen Arten kommen nur zwei bei uns vor.

90. Waldreben-Fensterschwärmerchen, *Thyris fenestrella*
Merkmale: Vfl. 7–8 mm. Die Grundfarbe ist braunschwarz mit einem Band heller Fensterflecken. In Mitteleuropa gibt es noch eine zweite ähnliche Art. Diese hat zwei weiße Flecken auf der dunkleren Grundfarbe und kein Band.
Verbreitung: In Mitteleuropa meist lokal und einzeln, gelegentlich aber nicht selten, fehlt in Skandinavien.
Vorkommen und Lebensweise: An sonnigen Waldrändern, Hängen und Hekken fliegen die Falter im Sonnenschein und besuchen gerne die Blüten von Hollunder und Korbblütlern. Sie erscheinen in einer Generation von Mai bis Juni. Die Raupe lebt an Waldrebe *(Clematis)*.

Familie Eulenfalter, *Noctuidae*

Die Familie der Eulenfalter ist die größte Schmetterlingsfamilie mit ca. 30–40 000 Arten, die über die ganze Erde verteilt sind. In Europa sind rund 1000 Arten bekannt. Die kleinen bis mittelgroßen Tiere sind meist düster gefärbt, fliegen mit Vorliebe nachts und haben einen kräftigen Körperbau. Am Hinterende des Bruststücks sitzt ein besonderes Gehörorgan. Das Flügelmuster gliedert sich in bestimmte Felder (s. Abb. S. 11), Linien und Flecken (s. Abb. S. 13), deren Vorhandensein oder Fehlen, Verlauf und Lage zusammen mit der Färbung, die zahlreichen sehr ähnlichen Arten bestimmbar machen. In vielen Fällen jedoch können die Arten nur durch anatomische Untersuchungen mit Sicherheit unterschieden werden. Die meisten Arten besitzen einen gut entwickelten Saugrüssel und besuchen gerne Blüten. Auch die Raupen sind überwiegend nachts aktiv und leben an sehr verschiedenen Pflanzen. Viele lebe in Gängen in der Erde. Die hier dargestellten Arten bilden nur eine kleine Auswahl.

91. Ypsiloneule, *Agrotis ipsilon*
Merkmale: Vfl. 22–25 mm. Das Männchen ist meist etwas heller als das Weibchen, welches manchmal fast ganz schwarz sein kann. Charakteristisch ist der schwarze Fleck von der Nierenmakel, der der folgenden Art fehlt, und die weißen, fast durchsichtigen Hinterflügel.
Verbreitung: Die Art ist fast kosmopolitisch verbreitet, fehlt nur in Teilen Afrikas und ist bis 64° nördl. Breite zu finden.
Vorkommen und Lebensweise: Die Falter fliegen über große Abschnitte des Jahres auf trockenen Böden wie Acker und Wiesen. Bei uns erscheinen sie in größerer Anzahl erst im Spätsommer als Nachkommen eingewanderter Tiere. Die Art wandert nämlich über weite Strecken. Die Raupe lebt an Graswurzeln.

92. Rötlichbraune Erdeule, *Peridroma saucia*
Merkmale: Vfl. 22–24 mm. Gleicht der vorhergehenden Art, unterscheidet sich aber durch den fehlenden Fleck der Nierenmakel. Oft kommen Individuen mit roter Vorderkante der Vorderflügel vor.
Verbreitung: Eine kosmopolitische Art, die aber nördlich der Alpen nicht heimisch ist, dort aber regelmäßig einwandert und bis zum südlichen Skandinavien vordringt.
Vorkommen und Lebensweise: Als Einwanderer tritt die Art in sehr wechselnder Häufigkeit auf, besonders im Spätsommer. Die Raupe lebt an verschiedenen niederen Pflanzen.

93. Weizeneule, *Euxoa tritici*
Merkmale: Vfl. 16–20 mm. Die Weizeneule vertritt ein rundes Dutzend Arten von sehr ähnlichem Aussehen und übereinstimmender großer Variation. Sie ist jedoch meist durch eine Reihe schwarzer Pfeilflecken am Saum zu erkennen.
Verbreitung: Über große Teile Europas, nordwärts bis ca. 65° nördl. Breite.
Vorkommen und Lebensweise: Hauptsächlich auf sandigen Böden und Äckern, weit verbreitet. Die Falter fliegen in einer Generation von Juni bis September. Die Raupen leben an den Wurzeln verschiedener Gräser und Kräuter und überwintern.

94. Kupferfarbene Erdeule, *Chersotis cuprea*
Merkmale: Vfl. 16–19 mm. Die Grundfarbe ist braun mit einem charakteristischen dunklen, fast schwarzen Mittelfeld.
Verbreitung: Über ganz Europa, aber mit großen Lücken, z. B. England und Norddeutschland, dagegen wieder in Schweden.
Vorkommen und Lebensweise: Fliegt besonders in den Mittelgebirgen und den Alpen in einer Generation von Juli bis September. Die Falter fliegen auch bei Tage und besuchen gerne Blüten. Die Raupe lebt frei an verschiedenen Kräutern und überwintert.

95. Braungraue Gras-Erdeule, *Agrotis exclamationis*
Merkmale: Vfl. 15–20 mm. Die Grundfarbe ist grauschwarz mit scharfen, schwarzen Zeichnungen, die etwas variieren. Die Hinterflügel des Männchens

sind heller, die des Weibchens dunkler. Es gibt noch eine Reihe weiterer Arten aus dieser Gattung.
Verbreitung: Über ganz Europa, nordwärts bis 65° nördl. Breite.
Vorkommen und Lebensweise: Die Art gehört zu den häufigen Eulenfaltern und kann fast überall angetroffen werden, besonders aber in offenen Lebensräumen. Zwei Generationen fliegen von Mai bis Juni und von Juli bis August. Die Raupen leben in der Erde und sind oft an Kulturpflanzen schädlich, deren Wurzeln sie zerstören. Sie überwintern.

96. Grüne Beifuß-Erdeule, *Ochropleura praecox*
Merkmale: Vfl. 18–23 mm. Die Grundfarbe ist grünlich, manchmal mit einem bläulichen Schimmer. Die langen, schmalen Vorderflügel und die grünliche Farbe machen die Art leicht erkennbar. Es gibt noch andere Arten dieser Gattung, die jedoch nicht grün sind.
Verbreitung: Lokal über große Teile von Mittel-, West- und Nordeuropa.
Vorkommen und Lebensweise: Lokal und nicht häufig auf sandigen Stellen, häufiger nur im Küstengebiet. Die Falter fliegen in einer Generation von Juli bis September. Die Raupen leben an niederen Pflanzen, besonders an Beifuß *(Artemisia)* und überwintern.

97. Hausmutter, Große Bandeule, *Noctua pronuba*
Merkmale: Vfl. 23–30 mm. Die Grundfarbe variiert in weiten Grenzen. Meist dominiert Braun, aber blaue, rote und gelbe Beimischungen kommen in verschiedener Stärke vor. Die Art ist durch die gelben Hinterflügel charakterisiert. Es gibt noch ein halbes Dutzend ähnlicher Arten.
Verbreitung: Über ganz Europa, nordwärts bis 62° nördl. Breite.
Vorkommen und Lebensweise: Die Art ist fast überall verbreitet und meist recht häufig. Die Falter fliegen von Juni bis Oktober und sind durch ihre Größe und Färbung auch für den Laien sehr auffallend, zumal sie oft in Gärten vorkommen. Die Raupen leben an vielerlei krautigen Pflanzen, auch an Kulturpflanzen, und können gelegentlich Schäden verursachen. Raupe: s. Nr. 348.

98. Adereule, *Naenia typica*
Merkmale: Vfl. 18–23 mm. Die Grundfarbe ist bräunlichschwarz mit einem charakteristischen Netzmuster von helleren Linien.
Verbreitung: In Mitteleuropa, bis zum mittleren Fennoskandien, sowie in England.
Vorkommen und Lebensweise: Die Art bevorzugt feuchte Orte mit üppiger Vegetation und ist oft recht häufig. Die Falter fliegen von Juni bis August. Die Raupen leben an niederen Pflanzen und Büschen und überwintern.

99. Violettbraune Erdeule, *Ochropleura plecta*
Merkmale: Vfl. 12–15 mm. Die Grundfarbe ist rot und der Vorderrand hell gelblich gefärbt. Die Hinterflügel sind weiß. Im südlichen Europa gibt es mehrere Arten mit gleichem Aussehen, die aber immer etwas größer als *plecta* sind.

Verbreitung: Über ganz Europa, nordwärts bis 66° nördl. Breite.
Vorkommen und Lebensweise: Die Art ist häufig und kommt fast überall vor, besonders auf Grasland, in Parks und Gärten. Zwei Generationen fliegen von Mai bis Juni und von August bis September. Die Raupe lebt an verschiedenen niederen Pflanzen.

100. Schwarze C-Erdeule, *Xestia c-nigrum*
Merkmale: Vfl. 17–21 mm. Die Grundfarbe ist braunschwarz und trägt auf der Mitte des Vorderrands einen hellen, c-förmigen Fleck. Die Hinterflügel sind hell. Es gibt noch mehrere ähnliche Arten, die aber meist etwas größer sind und deren heller Fleck am Vorderrand fehlt oder nur schwach ausgeprägt ist.
Verbreitung: Die Art ist in ganz Europa heimisch, nordwärts bis 66° nördl. Breite.
Vorkommen und Lebensweise: Vor allem im Spätsommer ist die Art recht häufig und fliegt dann besonders an Waldrändern und Lichtungen, aber auch auf offenen Fluren. Es gibt zwei Generationen von Mai bis Juni und von August bis September. Die zweite Generation ist weitaus häufiger, wahrscheinlich vermehrt durch zugewanderte Tiere. Die Raupe lebt überwinternd an Kräutern.

101. Erlen-Breitrückeneule, *Mesogona oxalina*
Merkmale: Vfl. 17–20 mm. Die Grundfarbe ist bräunlichgrau mit dunklerem Mittelfeld, das von fast geraden Linien begrenzt wird.
Verbreitung: Stark verbreitet, aber lokal und fehlend im norddeutschen Tiefland und in England, in Skandinavien nur in Westschweden.
Vorkommen und Lebensweise: Die Art fliegt lokal in feuchten Wäldern, Auen und Ufern. Die Falter erscheinen von August bis Oktober. Die Raupe lebt an Laubbäumen, besonders an Weiden *(Salix).*

102. Grünlichgraue Erdeule, *Anomogyna speciosa*
Merkmale: Vfl. 18–22 mm. Die Grundfarbe variiert von hell- bis dunkelgraubraun und die Zeichnungen können stark markiert sein. Die Art variiert auch geographisch und mehrere Unterarten sind darauf begründet worden. In den Gebirgen von Mitteleuropa und Skandinavien gibt es ähnliche Arten.
Verbreitung: Die Art ist an Bergland gebunden und fehlt in den großen Ebenen und in England.
Vorkommen und Lebensweise: Die Falter fliegen lokal, sind nicht selten. Zu finden sind sie bis zur Waldgrenze von Juni bis August. Die Raupe lebt zweimal überwinternd an Gräsern und Heidelbeeren *(Vaccinium myrtillus).*

103. –, *Rhynchagrotis chardinyi*
Merkmale: Vfl. 14–16 mm. Die Grundfarbe ist grünlich mit dunkelbraunen Wolken. Die Hinterflügel sind gelb mit schwarzem Rand.
Verbreitung: Diese östliche Art findet man nur in Finnland und in dem östlichen Mitteleuropa.
Vorkommen und Lebensweise: Die Falter fliegen am Tage von Juli bis August. Die Raupe lebt überwinternd an verschiedenen niederen Pflanzen.

104. Blaugraue Heidelbeer-Erdeule, *Eurois occulta*
Merkmale: Vfl. 26–34 mm. Die Grundfarbe ist grau mit helleren und dunkleren Zeichnungen. Allein durch ihre Größe ist die Art schon gut erkennbar.
Verbreitung: Über ganz Europa, in Fennoskandien weit nach Norden.
Vorkommen und Lebensweise: Die Art fliegt in Wäldern und ist weit verbreitet, meist aber nicht häufig. Sie steigt in den Alpen bis 2000 m. Die Falter erscheinen von Juni bis September. Die Raupe überwintert.

105. Heidelbeer-Bunteule, *Anarta melanopa*
Merkmale: Vfl. 9–14 mm. Die Grundfarbe ist grau mit schwarzen Zeichnungen. Die Hinterflügel sind weiß mit schwarzem Saum, sehr kontrastreich. Die Art gehört zu einer Gattung aus kleinen Arten bestehend, die hauptsächlich in Berggegenden verbreitet sind. Einige der Arten sind sehr bunt gefärbt mit roten und gelben Farben.
Verbreitung: Die Art kommt in den Hochalpen vor und in den Bergen Skandinaviens und Englands.
Vorkommen und Lebensweise: Die Falter fliegen auf Gebirgsheiden, in den Alpen von der Baumgrenze hinauf bis zur Schneegrenze und sind lokal nicht selten. Die Raupe lebt überwinternd an Zwergsträuchern und die Puppe überwintert nochmals.

106. Heidekraut-Bunteule, *Anarta myrtilli*
Merkmale: Vfl. 10–13 mm. Die Grundfarbe ist braunrot mit weißen Zeichnungen. Die Hinterflügel sind klargelb mit dunklem Saum.
Verbreitung: Über Europa weit verbreitet, einschließlich England und Skandinavien.
Vorkommen und Lebensweise: Die Art fliegt auch im Flachland, besonders auf Heiden. Oft ist sie sehr zahlreich, in ein bis zwei Generationen. Die Falter fliegen von April bis August tagsüber schwirrend, auf der Suche nach Blüten. Die Raupe lebt an Heidekraut (*Calluna* und *Erica*). Raupe: s. Nr. 349.

107. Violettbraune Kapseleule, *Hadena rivularis*
Merkmale: Vfl. 15–18 mm. Die Grundfarbe ist braun mit violettem Schimmer, durch den sich die Art von ähnlichen anderen Arten unterscheidet. Das Weibchen besitzt ein langes Legerohr, das weit aus dem Körper vorgestreckt werden kann. In Europa gibt es noch zwei Dutzend weitere Arten dieser Gattung.
Verbreitung: Über ganz Europa, nordwärts bis 64° nördl. Breite.
Vorkommen und Lebensweise: Die Falter sind weit verbreitet auf Wiesen, in Parks und an Waldrändern und fliegen in zwei Generationen von April bis September, in den Alpen bis 1600 m Höhe. Die Raupe lebt an verschiedenen Nelkengewächsen wie Leimkraut *(Silene),* Lichtnelke *(Lychnis)* und Nachtnelke *(Melandrium).*

108. Schwarze Garteneule, *Melanchra persicariae*
Merkmale: Vfl. 17–23 mm. Das Männchen besitzt deutlich behaarte Fühler. Die Grundfarbe ist fast schwarz, mit einer weißen Nierenmakel.

Verbreitung: Über ganz Europa, nordwärts bis Mittelschweden.
Vorkommen und Lebensweise: Weit verbreitet und häufig auf feuchten Wiesen, in Gärten und an Waldrändern. Die Flugzeit erstreckt sich über den ganzen Sommer. Die Raupe lebt an verschiedenen krautigen Pflanzen und kann an Küchenkräutern schädlich werden.

109. Hellrandige Graseule, *Hecatera bicolorata*
Merkmale: Vfl. 12–15 mm. Die Grundfarbe ist weiß mit einem fast schwarzen Querband. Im nördlichen Europa und in Gebirgsgegenden fliegen Formen, bei denen die Kontraste der Färbung viel geringer sind. Eine leicht zu erkennende Art.
Verbreitung: Europa, einschließlich England und Fennoskandien bis 63° nördl. Breite.
Vorkommen und Lebensweise: Die Art ist lokal nicht selten und in gebirgigen Gegenden häufiger als in der Ebene. Die Falter fliegen in zwei Generationen von Mai bis Juli und von August bis September. Zu finden sind sie an Waldrändern und auf Wiesen. Die Raupe lebt an Habichtskraut *(Hieracium)* und Ferkelkraut *(Hypochaeris).*

110. Graseule, *Cerapteryx graminis*
Merkmale: Vfl. 12–21 mm. Das Weibchen ist bedeutend größer als das Männchen. Die Grundfarbe variiert von hell graugelb bis fast rot. Sowohl die weißen als auch die schwarzen Zeichnungen können stark hervortreten oder ganz schwach sein.
Verbreitung: Über ganz Europa, nordwärts über den Polarkreis hinaus.
Vorkommen und Lebensweise: Die Art ist weit verbreitet, im Norden und in den Gebirgen aber häufiger. Sie fehlt auf trockenen kalkhaltigen Böden. Die Falter fliegen, gewöhnlich am Tage, von Juni bis September. Die Raupen leben an Graswurzeln und können bei Massenvermehrung sehr schädlich werden. Raupe: s. Nr. 350.

111. Abendnelken-Kapseleule, *Hadena albimacula*
Merkmale: Vfl. 15–18 mm. Die Grundfarbe ist braunrot mit weißen Zeichnungen. Der weiße Fleck unter der Ringmakel macht die Art unverkennbar. Das Weibchen besitzt einen weit vorstreckbaren Legebohrer. Es gibt noch mehrere Arten dieser Gattung, die sich alle durch sehr bunte Färbung auszeichnen.
Verbreitung: Über ganz Europa, nach Norden bis Mittelschweden.
Vorkommen und Lebensweise: Die Art ist weit verbreitet, aber lokal und nur auf warmen Kalkböden, in den Alpen bis 2000 m. Die Falter fliegen von Mai bis Juni, in höheren Lagen im August. Die Raupe lebt in den Samen des Nickenden Leimkrauts *(Silene nutans).*

112. Bräunlichgraue Frühlingseule, *Orthosia gothica*
Merkmale: Vfl. 15–17 mm. Die Grundfarbe ist graurot mit einer charakteristischen schwarzen Ausfüllung zwischen Ring und Nierenmakel. Dadurch ist die Art leicht erkennbar. Das Weibchen ist in der Regel dunkler als das Männchen.

Es gibt noch eine Reihe weiterer Arten dieser Gattung, von denen manche nur schwer zu unterscheiden sind.
Verbreitung: Über ganz Europa, weit nach Norden.
Vorkommen und Lebensweise: Die Art ist sehr häufig und ist fast überall anzutreffen. Zusammen mit anderen im Frühjahr fliegenden Arten besucht sie gerne blühende Weiden und kann nachts leicht von den Kätzchen heruntergeschüttelt werden. Die Art fliegt von Februar bis Mai. Die Raupe lebt an verschiedenen niederen Pflanzen und an Bäumen.

113. Forleule, *Panolis flammea*
Merkmale: Vfl. 16–18 mm. Die Art kommt in zwei Formen vor, einer roten und einer grauen, und dazwischen gibt es alle Übergänge. Sie kann mit keiner anderen Art verwechselt werden.
Verbreitung: Ganz Europa, nordwärts bis 66° nördl. Breite.
Vorkommen und Lebensweise: Die Art ist weit verbreitet und stellenweise häufig. Die Falter fliegen, manchmal auch am Tage, bevorzugt in lichten Nadelwäldern von März bis Juni. Die Raupe lebt in den Wipfeln von Kiefern und ist einer der wichtigsten Forstschädlinge an diesen Bäumen.

114. –, *Conisania leineri*
Merkmale: Vfl. 16–20 mm. Die Grundfarbe ist hell braungrau. Bei der Unterart *pomerana,* die an den Ostseeküsten fliegt, sind die Adern weiß bestäubt. Eine leicht erkennbare Art.
Verbreitung: Über Osteuropa und an der Ostsee.
Vorkommen und Lebensweise: Diese Art ist an Sandböden, insbesondere an Dünen gebunden und deshalb sehr lokal verbreitet. Die Falter fliegen in einer Generation von Mai bis Juli. Die Raupe lebt an Feldbeifuß *(Artemisia campestris).* Sie ist nur nachts aktiv.

115. Weißfleckige Schilfgraseule, *Mythimna albipuncta*
Merkmale: Vfl. 14–17 mm. Die Grundfarbe ist braun mit einem scharfen weißen Fleck an der Querader und schwachen hellen Linien.
Verbreitung: Die Art ist in Süd- und Mitteleuropa verbreitet, im nördlichen Europa dagegen selten und nur als Zuwanderer.
Vorkommen und Lebensweise: An warmen Stellen ist die Art zuweilen häufig. Die Falter fliegen in zwei Generationen von Mai bis Oktober. Wahrscheinlich werden die Populationen nördlich der Alpen ständig durch Zuwanderer ergänzt. Die Raupe lebt überwinternd an Gräsern.

116. Kommaeule, *Mythimna comma*
Merkmale: Vfl. 16–20 mm. Die Grundfarbe ist dunkel strohfarben mit schwarzen Längsstreifen. Die Hinterflügel sind dunkel, ein Merkmal, das von ähnlichen Arten unterscheidet, und der Queraderfleck ist weiß. Es gibt noch ein gutes Dutzend verwandter Arten. Die meisten davon sind recht häufig aber schwer zu unterscheiden.
Verbreitung: Fast über ganz Europa, nach Norden bis 66° nördl. Breite.

Vorkommen und Lebensweise: Die Art ist weit verbreitet, tritt aber nur lokal häufiger auf, besonders auf Mooren und nassen Wiesen. Die Raupe lebt an Gräsern. Die Falter fliegen von Mai bis Oktober in zwei unscharf getrennten Generationen.

117. Bräunliche Schilfrohreule, *Mythimna vitellina*
Merkmale: Vfl. 16–19 mm. Die Grundfarbe ist strohgelb mit rötlichen Linien.
Verbreitung: Über Europa, nördlich der Alpen aber nur als Zuwanderer.
Vorkommen und Lebensweise: Südlich der Alpen ist die Art an warmen trokkenen Stellen häufig. Nördlich der Alpen tritt sie nur in günstigen Jahren auf und ist nördlich der Mittelgebirge ausgesprochen selten. Zwei Generationen fliegen von Mai bis Juni und von August bis Oktober. Die Raupe lebt überwinternd an Gräsern.

118. Schwarzbraune Krauteule, *Dypterygia scabriuscula*
Merkmale: Vfl. 18–20 mm. Die Grundfarbe ist schwarz. Die kaum veränderliche Zeichnung ist bräunlich und die Hinterflügel sind dunkel. Eine leicht zu erkennende Art.
Verbreitung: Über große Teile Europas, nordwärts bis England und Mittelschweden.
Vorkommen und Lebensweise: Die Art ist weit verbreitet, aber lokal und nicht häufig. Die Falter fliegen in zwei sich überschneidenden Generationen von Mai bis September. Sie sind auf Wiesen und an Waldrändern zu finden. Die Raupe lebt an verschiedenen Kräutern.

119. Braune Achateule, *Phlogophora meticulosa*
Merkmale: Vfl. 22–25 mm. Die Grundfarbe kann grün oder rötlich sein, oder farbliche Übergänge dazwischen. Das Mittelband ist in der Regel dunkler.
Verbreitung: Die Art ist nur in Südeuropa zuhause, wandert aber weit nach Norden und kommt dann bis zu 60° nördl. Breite vor.
Vorkommen und Lebensweise: Als Zuwanderer erscheinen die Falter unregelmäßig und in sehr wechselnder Häufigkeit. Im Herbst entwickelt sich bei uns eine zweite Generation, die angeblich nach Süden zurückwandert. Die zurückgebliebenen Exemplare überleben den Winter nicht. Die Falter fliegen in allen möglichen Lebensräumen und die Raupen leben an krautigen Pflanzen.

120. Rotbindige Farneule, *Callopistria juventina*
Merkmale: Vfl. 15–18 mm. Die Grundfarbe ist braun mit rosa und gelben Zeichnungen. Es ist eine sehr kräftig gezeichnete Art, die in Mitteleuropa keine ähnlichen Verwandten aufweist.
Verbreitung: Die Art ist lokal und selten, sie fehlt in West- und Nordeuropa.
Vorkommen und Lebensweise: Nördlich der Alpen ist die Art selten, nur in den Südtälern der Alpen ist sie häufiger. Die Falter fliegen in zwei Generationen von Mai bis August auf Flächen, die mit Adlerfarn *(Pteridium aquilinum),* der Futterpflanze der Raupen, bestanden sind.

121. Dunkelbraune Ulmeneule, *Cosmia diffinis*
Merkmale: Vfl. 13–15 mm. Die Grundfarbe ist bräunlichrot mit zwei scharf umgrenzten kreideweißen Vorderrandsflecken. Die Hinterflügel sind grau. Es gibt noch einige weitere Arten dieser Gattung.
Verbreitung: Die Art ist weit verbreitet, fehlt aber in großen Teilen des nördlichen Mitteleuropa.
Vorkommen und Lebensweise: Die Falter sind lokal und meist selten an warmen feuchten Stellen zu finden. Sie fliegen von Ende Juni bis August in offenen Wäldern und Auen mit Ulmenbestand, den Nahrungspflanzen der Raupen.

122. Graue Wurzel-Graseule, *Apamea monoglypha*
Merkmale: Vfl. 22–30 mm. Die Grundfarbe variiert von hellbraun bis fast schwarz, ebenso wie die Zeichnung in ihrem Kontrast sehr wechselnd sein kann. Braune, bunte Exemplare sind meist häufiger. Daneben gibt es eine Reihe nahe verwandter Arten, von denen viele sehr variabel sind und deshalb schwer bestimmbar. *Monoglypha* ist die größte von ihnen.
Verbreitung: Über ganz Europa, nach Norden bis 65° nördlicher Breite.
Vorkommen und Lebensweise: Die Art ist weit verbreitet und überall häufig und steigt in den Alpen bis 2500 m. Die Falter fliegen von Juni bis September. Die Raupen leben an Graswurzeln.

123. Bräunlichgelbe Blatteule, *Enargia paleacea*
Merkmale: Vfl. 18–22 mm. Die Grundfarbe ist gelblichbraun mit schwachen braunen Querlinien. Auch die Hinterflügel sind hell. Hin und wieder treten Formen mit dunklerem Mittelfeld auf. In Europa kommen noch einige ähnliche Arten vor, aber *paleacea* ist die hellste von ihnen.
Verbreitung: Über Europa weit verbreitet, fehlt nur in den nördlichen Teilen Fennoskandiens.
Vorkommen und Lebensweise: Die Art fliegt zerstreut und nicht sehr häufig. Sie bevorzugt feuchte Wälder und Wiesen und erscheint von Juli bis Oktober. Die Raupe lebt an Birke *(Betula)* und Pappel *(Populus).*

124. Gelbgraue Graseule, *Apamea ophiogramma*
Merkmale: Vfl. 13–17 mm. Die Grundfarbe ist hellbraun in der unteren und hinteren Flügelhälfte, darüber blauschwarz. Es gibt auch Exemplare, bei denen das hellbraune Feld verdunkelt ist.
Verbreitung: Fast über ganz Europa einschließlich England und nordwärts bis Mittelschweden.
Vorkommen und Lebensweise: Die Art ist lokal und ziemlich einzeln, nordwärts dagegen häufiger. Sie bevorzugt feuchte Wiesen und Moore und erscheint von Mai bis August. Die Raupe lebt an verschiedenen Sumpfpflanzen.

125. –, *Apamea exulis*
Merkmale: Vfl. 21–28 mm. Die Grundfarbe variiert von braun bis blauschwarz, die Hinterflügel sind grau.

Verbreitung: In den Alpen zwischen 1200 und 2500 m, sowie in den Gebirgen Skandinaviens.
Vorkommen und Lebensweise: Lebt in der Nadel- und Birkenwaldstufe der Gebirge und ist meist recht selten. Die Falter fliegen von Juni bis September. Die überwinternde Raupe lebt an Gräsern.

126. Heidelbeerkrauteule, *Hyppa rectilinea*
Merkmale: Vfl. 16–19 mm. Die Grundfarbe ist weißgrau mit braunen und bläulichen Zeichnungen und Bändern. Das Männchen hat ein dunkles Mittelband, das des Weibchens ist hellbraun. Beide besitzen einen kräftigen Wurzelstrich. Diese kontrastreiche Art kann kaum mit einer anderen verwechselt werden.
Verbreitung: In Europa hauptsächlich in Berggegenden, im Flachland seltener. In Fennoskandien erreicht sie die nördlichsten Gebiete.
Vorkommen und Lebensweise: Die Art ist bei uns hauptsächlich in Berggegenden zu finden, wo sie besonders auf Mooren und Heiden fliegt, aber auch weit umherstreift. Die Erscheinungszeit ist Mai bis August. Die Raupe lebt an verschiedenen *Vaccinium-* und *Rubus-*Arten.

127. Rötlichbraune Johanniskrauteule, *Actinotia polyodon*
Merkmale: Vfl. 15–16 mm. Die Grundfarbe ist weiß, braun und violett gefleckt. Die Nierenmakel ist hell.
Verbreitung: Fast über ganz Europa verbreitet, nach Norden bis ca. 64° nördl. Breite.
Vorkommen und Lebensweise: Die Art ist weit verbreitet und auf warmen trokkenen Stellen lokal auch häufiger. Sie fliegt von April bis September in zwei Generationen und ist auf Wiesen und offenem Buschwald zu finden. Die Raupe lebt an Johanniskraut *(Hypericum)*. Die Puppe überwintert.

128. Braune Grasmotteneule, *Elaphria venustula*
Merkmale: Vfl. 9–10 mm. Bei frischen Exemplaren ist die Grundfarbe rosa, die aber sehr schnell verbleicht, so daß man auch Exemplare mit weißer Grundfarbe findet. Die kleine Größe und die dunklen Zeichnungen machen die Art leicht erkennbar. In Europa gibt es eine Reihe weiterer Arten der gleichen Größe, aber von verschiedener Flügelzeichnung.
Verbreitung: Im europäischen Flachland verbreitet, z. B. in England, Deutschland, Südschweden und Südfinnland.
Vorkommen und Lebensweise: Die Art fliegt lokal und recht einzeln an warmen, trockenen Stellen in einer Generation von Mai bis Juli. Die Raupe lebt an den Blüten verschiedener Stauden wie Ginster und Fingerkraut *(Genista, Potentilla)*

129. Weizen-Graseule, *Eremobia ochroleuca*
Merkmale: Vfl. 15–17 mm. Die Grundfarbe variiert von hellgelb bis gelbbraun. Das dunklere Mittelband kann geteilt sein oder auch ganz. Die sehr lebhafte Grundfarbe ist charakteristisch für diese Art.
Verbreitung: Die Art ist in Europa verbreitet, nordwärts bis Südschweden.

Vorkommen und Lebensweise: Auf sandigen und trockenen Plätzen. Die Falter fliegen nicht selten auch am Tage und zwar von Juni bis September. Sie besuchen gerne Blüten von Disteln und Flockenblumen. Die Raupe lebt an verschiedenen Gräsern und überwintert.

130. Gelbgraue Wieseneule, *Photedes elymi*
Merkmale: Vfl. 16–21 mm. Die Grundfarbe ist strohfarben, die Hinterflügel sind gelbgrau, die Nierenmakel ist hell. Die Art kommt in helleren und dunkleren Exemplaren vor. Sie repräsentiert eine Gruppe von Arten, die alle mehr oder weniger zeichnungslos sind und in Gebieten mit hohen Gräsern wie Schilf und Röhricht leben. In Mitteleuropa gibt es fast ein Dutzend Arten davon, wobei *elymi* die größte davon ist.
Verbreitung: Sie erstreckt sich über die Küsten von Nord- und Ostsee.
Vorkommen und Lebensweise: Die Art lebt lokal aber nicht selten an den Meeresküsten, wo sie von Juni bis August fliegt. Die Raupe lebt überwinternd in den Halmen des Strandhafers *(Elymus arenarius).*

131. Bräunlichgelbe Schilfeule, *Archanara sparganii*
Merkmale: Vfl. 16–23 mm. Die Grundfarbe ist in der Regel strohfarben bis hellbraun, es gibt aber auch rotbraune Exemplare. Charakteristisch für die Art sind schwarze Flecken unter- und außerhalb der Nierenmakel. Sie gehört zur gleichen Artengruppe wie die vorhergehende Art.
Verbreitung: In Südosteuropa, im nördlichen Mitteleuropa sowie in England, Südschweden und Südfinnland.
Vorkommen und Lebensweise: Die Art fliegt lokal an feuchten Stellen, wo die Futterpflanzen der Raupe: Rohrkolben *(Typha)* und Igelkolben *(Sparganium)* wachsen. Die Falter erscheinen von Juli bis Oktober. Die Raupe bohrt in den Stengeln der Futterpflanzen.

132. Gemeine Markeule, *Gortyna flavago*
Merkmale: Vfl. 15–20 mm. Die Grundfarbe ist braun mit orangegelben Zeichnungen. Die Art gehört zu einer Gruppe, bei der die innere und die äußere Querlinie dominierende Zeichnungselemente sind und ist die bunteste von ihr. Es gibt noch gut ein halbes Dutzend Arten dieser Gruppe.
Verbreitung: Über ganz Europa, nach Norden bis Mittelschweden.
Vorkommen und Lebensweise: Die Art ist stark verbreitet und an feuchten Stellen nicht selten, in den Alpen bis 1400 m. Die Falter fliegen von August bis Oktober. Die Raupe lebt in den Stengeln verschiedener Pflanzen.

133. Grüne Wieseneule, *Calamia tridens*
Merkmale: Vfl. 18–21 mm. Die Grundfarbe ist graugrün, die Nierenmakel weiß. Die grüne Farbe verblaßt mit der Zeit und wird dann gelblich. Die Hinterflügel sind weiß. Die Art ist leicht erkennbar an ihrer Färbung und Zeichnung.
Verbreitung: Die Art ist lokal durch Europa, im Norden bis Mittelschweden und Finnland verbreitet und wurde auch auf den Britischen Inseln gefunden.

Vorkommen und Lebensweise: Die Art kommt auf warmen trockenen Stellen vor und ist meist nicht häufig. In den Alpen bis 1800 m. Die Falter fliegen von Juli bis September auch bei Tage und besuchen gerne Blüten. Die Raupe lebt hauptsächlich an Graswurzeln.

134. Graswurzeleule, *Amphipoea fucosa*
Merkmale: Vfl. 12–18 mm. Die Grundfarbe variiert sehr stark und kann bräunlich, grünlich, gelblich, rötlich oder eine Mischung mehrerer Farben sein. Die meisten Exemplare jedoch sind bräunlich. Die Makel sind gelblich, orange oder rot. Die Art repräsentiert einen Artenkomplex, der bis vor kurzem noch nicht unterschieden wurde. In Mitteleuropa gibt es vier Arten, von denen *fucosa* zusammen mit *lucens* die größten sind, *lucens* aber gewöhnlich stärker rotviolett gefärbt ist.
Verbreitung: Fast über ganz Europa, nordwärts bis 66° nördl. Breite.
Vorkommen und Lebensweise: Die Art ist weit verbreitet und meist häufig, besonders auf Grasland. Die Falter fliegen von Juni bis September in einer Generation. Die Raupen leben an den Wurzeln von Gräsern.

135. Grüne Prachteule, Malachiteule, *Staurophora celsia*
Merkmale: Vfl. 18–23 mm. Die Grundfarbe ist leuchtend grün mit brauner Mittel- und Saumlinie. Sie kann kaum mit einer anderen Art verwechselt werden.
Verbreitung: In Mitteleuropa, in Fennoskandien bis 64° nördl. Breite, nicht in England und Nordwesteuropa.
Vorkommen und Lebensweise: Die Art lebt auf warmen sandigen Stellen besonders in Kiefernwäldern und ist lokal nicht selten. Die Falter fliegen von August bis Oktober. Die Raupen leben auf Graswurzeln.

136. Bräunlichgrauer Wermuth-Mönch, *Cucullia fraudatrix*
Merkmale: Vfl. 19–21 mm. Die Grundfarbe ist taubengrau mit einem charakteristischen Zickzackmuster.
Verbreitung: Eine osteuropäische Art, die ihr Gebiet in den letzten Jahren weiter nach Westen ausdehnt. Bei uns lebt die Art im östlichen Österreich, in Brandenburg und Nordostdeutschland.
Vorkommen und Lebensweise: Die Art ist lokal und selten und lebt auf trokkenen Böden. Die Falter fliegen von Juli bis August und brauchen recht hohe Nachttemperaturen um aktiv zu werden. Die Raupen leben an Beifuß (*Artemisia campestris* und *vulgaris*). An diesen Pflanzen leben mehrere andere, ähnliche Arten, die im Gebiet weit verbreitet und oft recht häufig sind.

137. Silbermönch, *Cucullia argentea*
Merkmale: Vfl. 17–20 mm. Die Grundfarbe ist grün oder gelblichgrün mit großen, silberweiß glänzenden Flecken. Die Art gehört zu einer kleinen Gruppe östlicher Arten mit Silberflecken auf den Flügeln.
Verbreitung: Die osteuropäische Art ist in Nordostdeutschland zuweilen häufig, sie geht westlich bis Hamburg und tritt in Österreich und Ungarn auf.

Vorkommen und Lebensweise: Die Art bevorzugt trockene sandige Stellen und fliegt in einer Generation von Juli bis August. Die Raupen sind oft recht häufig und leben an Beifuß *(Artemisia).* Raupe: s. Nr. 351.

138. Grauer Mönch, *Cucullia umbratica*
Merkmale: Vfl. 21–27 mm. Die Grundfarbe ist grau, die Nierenmakel nur angedeutet, an dessen Stelle aber ein gelber Strich. Die Art gleicht in hohem Maße einer Reihe von anderen, die im gleichen Gebiet vorkommen, *umbratica* aber ist eine der häufigsten davon.
Verbreitung: Über große Teile Europas, nordwärts bis 64° nördl. Breite.
Vorkommen und Lebensweise: An warmen Stellen überall häufig und weit verbreitet. Lebt in ein bis zwei Generationen von Mai bis August oder von April bis Oktober. Die Falter sitzen am Tage gerne an hölzernen Telegraphenmasten.

139. Graubestäubter Wollkraut-Mönch, *Cucullia lynchitis*
Merkmale: Vfl. 21–23 mm. Die Grundfarbe ist strohfarben mit schwach angedeuteten Zeichnungen an den Flügelrändern. Diese Art gehört zu einer Artengruppe von gelblichen Mönchseulen, die sehr schwer zu unterscheiden sind.
Verbreitung: Die Art ist in Europa weit verbreitet, aber sehr lokal.
Vorkommen und Lebensweise: Lokal auf trockenen Böden, wo die Futterpflanze der Raupe: Königskerze *(Verbascum)* wächst. Die Falter fliegen in einer Generation von Mai bis Juli. Die Raupen sind recht häufig.

140. Hellbraune Leinkraut-Kappeneule, *Calophasia lunula*
Merkmale: Vfl. 13–15 mm. Die Grundfarbe ist weißgrau mit blauschwarzen Zeichnungen. Lokal sind die Farbunterschiede sehr kontrastreich.
Verbreitung: In Mitteleuropa, in stetiger Ausbreitung nach Westen. In Fennoskandien nordwärts bis 62° nördl. Breite.
Vorkommen und Lebensweise: Die Art lebt auf trockenen Böden und an Meeresstränden. Die Flugzeit erstreckt sich von Mai bis August, vermutlich in zwei Generationen. Die Raupe lebt an Leinkraut *(Linaria).*

141. Graugelbe Rauhhaareule, *Dasypolia templi*
Merkmale: Vfl. 18–26 mm. Die Grundfarbe ist beim Männchen hell, beim Weibchen dunkelgrünlich braun.
Verbreitung: Im südlichen und mittleren Fennoskandien, auf den Britischen Inseln und in den mitteleuropäischen Berggegenden.
Vorkommen und Lebensweise: Die Art ist meist lokal und selten, und nur gelegentlich tritt sie an ihren mitteleuropäischen Fundstellen häufiger auf. Die Flugzeit ist von September bis April (mit Überwinterung). Die Raupe lebt in den Stengeln von Bärenklau *(Heracleum).*

142. Fahlbraune Lilieneule, *Episema glaucina*
Merkmale: Vfl. 14–17 mm. Die Grundfarbe kann rot, grau, weiß oder gelb sein. Zwischen den Makeln liegt ein schwarzes Feld oder das Feld ist gefärbt wie die Grundfarbe. In Europa gibt es noch eine ähnliche Art, die aber heller ist.

Verbreitung, Vorkommen und Lebensweise: Nordwärts bis zu den deutschen Mittelgebirgen an warmen, trockenen Stellen, wo sie lokal und selten auftritt. Die Raupe lebt besonders an Graslilie *(Anthericum),* aber auch an anderen Pflanzen. Sie überwintert.

143. Fahlgelbe Moderholzeule, *Xylena vetusta*
Merkmale: Vfl. 25–30 mm. Die Grundfarbe der hinteren Flügelhälfte ist braunschwarz, die der vorderen hellbraun. Die Ringmakel fehlt, ein Merkmal, das sie von der sehr ähnlichen *X. exoleta* unterscheidet.
Verbreitung: Über den größten Teil Europas, nordwärts bis Lappland.
Vorkommen und Lebensweise: Die Art fliegt in offenen Wäldern, auf Wiesen und Mooren. Sie erscheint im September und nach der Überwinterung wieder im April. Die Raupe lebt an Gräsern, Lilien und anderen Pflanzen.

144. Dunkelgraue Erlen-Rindeneule, *Lithophane furcifera*
Merkmale: Vfl. 19–23 mm. Die Grundfarbe ist blaugrau mit schwarzen Zeichnungen und einem orangenen Fleck in der Nierenmakel. Sie gleicht einigen anderen sehr ähnlichen Arten, die wie sie verbreitet sind. Sie ist aber größer und stärker gesprenkelt als *L. lambda* und nicht so schwarz und scharf gezeichnet wie *L. ingrica.*
Verbreitung: In Europa meist recht häufig, auch in England, nordwärts bis Mittelschweden.
Vorkommen und Lebensweise: Die Art fliegt von September bis Juni (überwinternd) in feuchten Wäldern. Die Raupe lebt an Erlen *(Alnus).*

145. Aprileule, *Dichonia aprilina*
Merkmale: Vfl. 18–23 mm. Die Grundfarbe ist grün mit weißen und schwarzen Zeichnungen. Die Hinterflügel sind dunkel. Nur die Frühjahrsart *alpium* kann mit dieser Art verwechselt werden.
Verbreitung: Über ganz Europa, nicht aber in Berggegenden. In Skandinavien bis Mittelschweden.
Vorkommen und Lebensweise: Die Art fliegt recht häufig und weit verbreitet, besonders in Eichenwäldern. Sie erscheint von September bis Oktober. Die Raupe lebt im Frühsommer an Eichen *(Quercus).*

146. Heidelbeereule, *Conistra vaccinii*
Merkmale: Vfl. 13–18 mm. Die Grundfarbe kann gelb, gelbgrau, grau, schwarz, blaugrau, braun, rotbraun und von zahlreichen Zwischentönen sein. Die Zeichnung kann sehr deutlich sein und ein ganzes Netzwerk bilden, oder auch völlig in der schwarzen Gesamtfärbung verschwinden. Es gibt noch fünf andere Arten in Mitteleuropa, die sich teilweise sehr ähneln.
Verbreitung: Überall in Europa, nordwärts bis 64° nördl. Breite.
Vorkommen und Lebensweise: Die Art fliegt ziemlich häufig in fast allen Lebensräumen von August (überwinternd) bis Mai. Die Raupe lebt zunächst an Laubbäumen und Büschen, später an niederen Pflanzen.

147. Braungraue Schilfrohreule, *Trigonophora flammea*
Merkmale: Vfl. 18–25 mm. Die Grundfarbe besteht aus einer Mischung von schwarz, blau und braun, die Nierenmakel ist hell. Eine leicht zu erkennende Art.
Verbreitung, Vorkommen und Lebensweise: Die Art ist nur im südlichen Mitteleuropa und auf den Britischen Inseln lokal (und selten) an warmen Stellen verbreitet. Sie fliegt von September bis Oktober. Die Raupe lebt an verschiedenen Hahnenfußarten *(Ranunculus)* und anderen Pflanzen.

148. Gelbliche Steineule, *Polymixis flavicincta*
Merkmale: Vfl. 18–24 mm. Die Grundfarbe ist grau mit gelblichen Pünktchen. Das Mittelband ist dunkler und bräunlich. Es gibt in Mitteleuropa noch fünf weitere Arten, die aber alle keine gelbliche Bestäubung aufweisen.
Verbreitung: In Süd- und Mitteleuropa, fehlt aber in der norddeutschen Tiefebene und nördlich davon.
Vorkommen und Lebensweise: Die Art fliegt lokal (und selten) an warmen sonnigen Stellen, wo man sie gelegentlich an Hausmauern sitzend finden kann. Sie fliegt von September bis Oktober. Die Raupe lebt an verschiedenen niederen Pflanzen.

149. Reseda-Blasenstirneule, *Helicoverpa armigera*
Merkmale: Vfl. 16–18 mm. Die Vorderflügel sind sandfarbig mit grünlichen Flecken. Es gibt noch ein halbes Dutzend weiterer Arten, die aber alle deutlicher gezeichnet sind.
Verbreitung: Die Art ist ein ausgeprägter Wanderfalter, der in günstigen Jahren sogar bis Skandinavien vordringen kann, in Mitteleuropa aber nirgends bodenständig ist.
Vorkommen und Lebensweise: Je nach Häufigkeit des Einflugs ist die Art bei uns mehr oder weniger selten. In tropischen und subtropischen Gebieten kann sie als Raupe an Kulturpflanzen oft riesige Schäden verursachen.

150. Beifuß-Blasenstirneule, *Protoschinia scutosa*
Merkmale: Vfl. 16–18 mm. Die Grundfarbe ist weißlich mit schwarzgrauen Zeichnungen. Auch die Hinterflügel tragen schwarzgraue Zeichnungen.
Verbreitung: Ein Wanderfalter, der in günstigen Jahren im südlichen Europa in zwei Generationen auftritt und nordwärts das südliche Skandinavien erreichen kann.
Vorkommen und Lebensweise: Als Wanderfalter erscheint die Art unregelmäßig und in sehr wechselnder Häufigkeit. Die Raupe lebt an Beifuß *(Artemisia)* und die Falter trifft man am häufigsten an offenen warmen Orten an.

151. Hornkraut-Bunteule, *Panemeria tenebrata*
Merkmale: Vfl. 8–11 mm. Die Grundfarbe der Vorderflügel ist braun, die der Hinterflügel gelb mit breitem braunem Rand. Leicht zu erkennen.
Verbreitung: Europa einschließlich England. In Skandinavien nur unsichere Funde.

Vorkommen und Lebensweise: Die Art ist weit verbreitet und nach Süden zu häufig, im Gebirge seltener. Die Falter fliegen auf trockenen warmen Wiesen bei Tage und besuchen gerne Blüten. Sie erscheinen aber auch nachts bei Licht. Flugzeit von April bis Juni. Die Raupe lebt besonders an den Blüten von Hornkraut *(Cerastium)* und Sternmiere *(Stellaria)*.

152. Graubraune Goldeule, *Xanthia aurago*
Merkmale: Vfl. 15–17 mm. Die Grundfarbe ist entweder warm gelb, orange oder orangerot im Mittelfeld, während die übrigen Flügelteile in der Regel rotbraun gefärbt sind. Es gibt noch mehr als ein halbes Dutzend verwandter Arten, die aber alle hellere Zeichnungen und hellere Hinterflügel haben.
Verbreitung: Die Art ist lokal über fast ganz Europa verbreitet, nordwärts bis 60° nördl. Breite.
Vorkommen und Lebensweise: Die Art fliegt in wechselnder Häufigkeit besonders in trockenen Buchenwäldern, wo sie im September erscheint. Die Raupe lebt zuerst an Buchen, später an niedrigen Pflanzen am Boden.

153. Rittersporneule, *Periphanes delphinii*
Merkmale: Vfl. 16–18 mm. Die Grundfarbe ist kräftig rotviolett mit bläulichen Nierenmakel. Die Art ist mit keiner anderen europäischen zu verwechseln.
Verbreitung, Vorkommen und Lebensweise: An trockenen warmen Plätzen in Süd- und Mitteleuropa, im südlichen Teil des Verbreitungsgebietes aber häufiger. Die Falter erscheinen von Mai bis Juni. Die Raupe lebt im Sommer an Rittersporn *(Delphinium)*.

154. Klosterfrau, *Panthea coenobita*
Merkmale: Vfl. 22–24 mm. Die Grundfarbe ist weiß mit schwarzen Zeichnungen. Sie gleicht der Nonne (38), sonst aber keiner anderen Art.
Verbreitung: Die Art ist im östlichen Europa verbreitet und fehlt in England und vielerorts in West- und Südeuropa. Nordwärts bis Mittelschweden.
Vorkommen und Lebensweise: Sie breitet sich zusehends nach Westen aus. Besonders in Nadelwäldern fliegt sie von Mai bis August. Die Raupe lebt an Nadelbäumen.

155. Blaukopf, *Diloba coeruleocephala*
Merkmale: Vfl. 16–20 mm. Die Grundfarbe ist blaubraun, die Makeln sind hellgrün ausgefüllt. Das Männchen besitzt gefiederte Antennen. Die Art ist leicht zu erkennen.
Verbreitung: Über ganz Europa.
Vorkommen und Lebensweise: Die Art ist in Parks, Gärten und an Waldrändern weit verbreitet und fliegt im Oktober. Raube: s. Nr. 352.

156. Pfeileule, *Acronicta psi*
Merkmale: Vfl. 18–24 mm. Die Grundfarbe ist grau mit schwarzen Zeichnungen. Die Hinterflügel sind beim Männchen heller, beim Weibchen dunkler. Es gibt noch zwei weitere sehr ähnliche Arten.

Verbreitung: Über große Teile Europas, nordwärts bis 64° nördl. Breite.
Vorkommen und Lebensweise: Die Art ist weit verbreitet und häufig und erscheint in zwei Generationen von April bis Juni und von August bis September. Sie bevorzugt offenes Land wie Gärten und Parks. Raupe: s. Nr. 353.

157. Gelbe Ackerwinden-Motteneule, *Emmelia trabealis*
Merkmale: Vfl. 9–11 mm. Die Grundfarbe ist gelb oder weißgelb mit blauschwarzen und braunen Zeichnungen. Sehr leicht zu erkennen.
Verbreitung: In Europa nordwärts bis England und Südschweden.
Vorkommen und Lebensweise: Die Art ist wärmeliebend und bevorzugt deshalb trockene, warme Plätze. Sie erscheint von Juni bis August und fliegt auch am Tage und kann lokal auch häufig sein. Die Raupe lebt an Winden *(Convolvulus).*

158. Weißliche Algeneule, *Bryotropha domestica*
Merkmale: Vfl. 11–14 mm. Die Vorderflügel sind hell, gelblichbraun mit dunkleren Zeichnungen. Es gibt noch einige andere verwandte Arten, die aber alle dunkler gezeichnet sind.
Verbreitung: In Europa besonders im südlichen und mittleren Teil, aber auch in England und südlichsten Schweden.
Vorkommen und Lebensweise: Die Art ist besonders in wärmeren Gegenden häufig, sonst aber lokal. Sie fliegt von Juli bis September. Die Raupe lebt an verschiedenen Flechten an Felsen, alten Bäumen und Mauern.

159. Silbergestreifte Grasmotteneule, *Eustrotia bankiana*
Merkmale: Vfl. 10–12 mm. Die Grundfarbe ist olivgrün mit weißen Querstreifen. Die Art ist mit keiner anderen zu verwechseln. Es gibt noch eine Reihe anderer Arten von gleicher Größe, die aber alle sehr charakteristisch gezeichnet sind.
Verbreitung: In Süd- und Mitteleuropa, in Südschweden und England.
Vorkommen und Lebensweise: Die Falter bevorzugen feuchte Waldwiesen und können an geeigneten Stellen oft sehr häufig sein. Sie fliegen von Juni bis Juli und die Raupe lebt im Spätsommer an Rispengras *(Poa).*

160. Eichen-Kahnspinner, *Pseudoips bicolorana*
Merkmale: Vfl. 21–24 mm. Die Grundfarbe ist klar grün mit weißen Linien. Das Weibchen einer anderen grünen Art, *prasinana,* ist recht ähnlich, aber kleiner. Es gibt noch zwei weitere grüne Arten, die aber sehr viel kleiner sind.
Verbreitung: In Europa, nordwärts bis England und Mittelschweden.
Vorkommen und Lebensweise: Die Art ist weit verbreitet in Eichenwäldern, wo die Falter von Juli bis August fliegen. Die Raupe überwintert an Eichen.

161. Rötlich aschgraue Höckereule, *Syngrapha microgamma*
Merkmale: Vfl. 11–13 mm. Die Grundfarbe ist stahlfarbig mit weißer Zeichnung, die an den griechischen Buchstaben Gamma erinnert. Die Hinterflügel sind gelb mit schwarzem Rand.

Verbreitung, Vorkommen und Lebensweise: Die Art fliegt im nordöstlichen Mitteleuropa und in Fennoskandien lokal auf Hochmooren, wo sie manchmal nicht selten auftritt. Die Falter fliegen im Sonnenschein von Juni bis Juli. Die Raupen leben besonders an niederen Weiden *(Salix)*.

162. Wiesen-Höckereule, *Chrysoptera c-aureum*
Merkmale: Vfl. 16–18 mm. Die Grundfarbe ist bräunlich mit goldenen Zeichnungen im Saumfeld. Die Art ist nicht leicht zu verwechseln.
Verbreitung: Die Art ist lokal besonders in Gebirgsgegenden verbreitet und fehlt in Westeuropa, findet sich aber nordwärts bis Südschweden.
Vorkommen und Lebensweise: Die Falter fliegen in feuchten Laubwäldern von Juni bis Juli und in einer zweiten teilweisen Generation von August bis September. Die Raupe lebt besonders an Wiesenraute *(Thalictrum)*.

163. Goldbraune Schwingeleule, *Plusia festucae*
Merkmale: Vfl. 15–20 mm. Die Grundfarbe ist rotbraun mit Gold- und Silberzeichnungen. Der oberste Silberfleck ist länglich und nicht scharf begrenzt. Es gibt noch einige weitere recht ähnliche Arten bei uns.
Verbreitung: Fast über ganz Europa, nach Norden zu häufiger, besonders in Fennoskandien.
Vorkommen und Lebensweise: Die Art ist weit verbreitet, sie fliegt mit wechselnder Häufigkeit auf feuchten Wiesen. Die Falter erscheinen in ein bis zwei Generationen von Mai bis September. Die Raupe lebt an Sumpfgräsern.

164. Braune Silberfleck-Höckereule, *Autographa bractea*
Merkmale: Vfl. 20–22 mm. Die Grundfarbe ist rotbraun mit einem großen goldenen Fleck auf der Flügelmitte.
Verbreitung: In Fennoskandien und in Mitteleuropa in den höheren Mittelgebirgen und dem Alpengebiet.
Vorkommen und Lebensweise: Die Art bevorzugt feuchte vegetationsreiche Wiesen, streift aber auch herum und gilt als lokaler Wanderer und findet sich deshalb vereinzelt an ganz anderen Orten. Die Falter erscheinen von Juni bis September, im Süden des Gebietes in zwei Generationen.

165. Gammaeule, *Autographa gamma*
Merkmale: Vfl. 18–21 mm. Die Grundfarbe ist metallisch glänzend und braunschwarz. Es gibt eine Reihe recht ähnlicher Arten, von denen sich *gamma* durch die dunkel gerandeten Hinterflügel unterscheidet.
Verbreitung: Über ganz Europa, nordwärts bis Lappland.
Vorkommen und Lebensweise: Die Art ist ein Wanderfalter, der überall recht häufig vorkommt und besonders von Juli bis November sehr häufig sein kann. Raupe: s. Nr. 354.

166. Messingeule, *Diachrysia chrysitis*
Merkmale: Vfl. 15–20 mm. Die Grundfarbe ist braun mit zwei breiten, glänzend grünen Bändern über den Vorderflügeln.

Verbreitung: Über ganz Europa, nordwärts bis 68° nördl. Breite.
Vorkommen und Lebensweise: Die Art ist weit verbreitet und fliegt in zwei Generationen von Mai bis September in offenem Gelände. Die Raupe lebt an krautigen Pflanzen.

167. Klee-Bunteule, *Callistege mi*
Merkmale: Vfl. 12–15 mm. Die Grundfarbe ist braunschwarz mit weißen Zeichnungen. Die Art erinnert an manche Dickkopffalter *(Hesperiidae).* In Mittel- und Südeuropa gibt es zwei weitere Arten, die aber mehr braungelb sind.
Verbreitung: Über den größten Teil Europas, nordwärts bis Lappland.
Vorkommen und Lebensweise: Die Falter fliegen am Tage auf trockenem Grasland. Sie kommen in zwei Generationen von April bis September vor. Die Raupe lebt an Gräsern.

168. Gelbe Grasspannereule, *Rivula sericealis*
Merkmale: Vfl. 10–11 mm. Die Grundfarbe ist beinfarben mit schwarzen Punkten in der Nierenmakel. Es gibt noch eine Reihe weiterer Arten, die alle leicht zu erkennen sind.
Verbreitung: Über große Teile Europas, nordwärts bis Mittelschweden.
Vorkommen und Lebensweise: Die Falter fliegen recht zahlreich in zwei bis drei Generationen. Sie sind auf feuchten Wiesen und in lichten Wäldern von April bis Oktober anzutreffen. Die Raupe lebt überwinternd an Gräsern.

169. Zackeneule, *Scoliopteryx libatrix*
Merkmale: Vfl. 19–24 mm. Die Grundfarbe ist braun mit rötlichen Partien. Der zackige Flügelrand ist für die Art charakteristisch.
Verbreitung: Über ganz Europa, nordwärts bis Lappland.
Vorkommen und Lebensweise: Die Art ist überall recht häufig. Sie ist in Gärten, Parks und lichten Wäldern im Spätsommer und nach der Überwinterung wieder im Frühjahr zu finden. Gelegentlich gibt es eine zweite Generation im Juli. Die Raupe lebt an Weiden *(Salix)* und Pappeln *(Populus).*

170. –, *Dysgonia algira*
Merkmale: Vfl. 16–20 mm. Die Grundfarbe ist grau mit großen braunen Partien. Die Hinterflügel sind grau. Die Art ist sehr leicht zu erkennen.
Verbreitung, Vorkommen und Lebensweise: Die Art ist hauptsächlich in Südeuropa verbreitet und tritt in Mitteleuropa nur lokal und vereinzelt auf. Sie fliegt in drei Generationen von April bis Oktober. Die Raupe lebt an Brombeeren *(Rubus).*

171. Gelbes Ordensband, *Ephesia fulminea*
Merkmale: Vfl. 25–30 mm. Die Grundfarbe der Vorderflügel ist braungrau und stark gesprenkelt. Die Hinterflügel sind gelb mit schwarzen Bändern. In Südeuropa gibt es mehrere ähnliche Arten mit gelben Hinterflügeln.
Verbreitung: Im Südosten Europas häufig, fehlt in England und Skandinavien.

Vorkommen und Lebensweise: Bei uns ist die Art recht lokal, Sie wandert gerne und ist manchmal an vielerlei Stellen zu finden. Die Falter erscheinen von Juli bis August. Die Raupe lebt an verschiedenen Bäumen und Sträuchern, z. B. an Weißdorn und Obstbäumen.

172. –, *Ophiusa tirhaca*
Merkmale: Vfl. 26–33 mm. Die Grundfarbe ist grün mit braunem Saum. Die Hinterflügel sind gelb mit breitem braunem Band. Die Art ist kaum mit einer anderen zu verwechseln.
Verbreitung, Vorkommen und Lebensweise: In Europa kommt die Art nur südlich der Alpen vor, wo die im Gardaseegebiet bodenständig ist. Als Wanderfalter dringt sie aber auch vereinzelt nach Norden vor. Die Tiere fliegen den ganzen Sommer über. Die Raupe lebt an verschiedenen Büschen.

173. Rotes Ordensband, *Catocala nupta*
Merkmale: Vfl. 33–39 mm. Die Grundfarbe ist graubraun mit schwarzen und braunen Linien und Zeichnungen. Die äußere Querlinie zeigt einen deutlichen Bogen nach innen, der für die Art charakteristisch ist. Es gibt noch eine Anzahl weiterer Arten mit roten Hinterflügeln.
Verbreitung: Über ganz Europa, nordwärts bis Mittelschweden.
Vorkommen und Lebensweise: Die Falter fliegen recht häufig in Gärten, Parks und anderem offenem Gelände. Man findet sie tagsüber manchmal an Telegraphenmasten und Pfählen sitzend. Sie fliegen von Juli bis Oktober. Raupe: s. Nr. 355.

174. Blaues Ordensband, *Catocala fraxini*
Merkmale: Vfl. 40–50 mm. Die Grundfarbe ist aschgrau mit weißen und schwarzen Zeichnungen. Die Hinterflügel sind grauschwarz mit einem blauen Band. Die Art ist schon durch ihre Größe leicht zu erkennen.
Verbreitung: Über ganz Europa, einschließlich England und Fennoskandien bis zum Polarkreis.
Vorkommen und Lebensweise: Die Art ist meist recht einzeln, gelegentlich aber auch häufiger in offenem Gelände und in Parks zu finden. Die Falter fliegen von August bis Oktober. Die Raupe lebt auf Pappeln und Eschen, besonders in der Wipfelregion höherer Bäume.

175. Violettgraue Wickeneule, *Lygephila pastinum*
Merkmale: Vfl. 17–20 mm. Die Grundfarbe ist grau, die Nierenmakel ein schwarzer Strich mit einem Punkt. Es gibt noch eine Anzahl ähnlicher Arten, deren Nierenmakel aber anders geformt ist und die eine andere Flugzeit haben.
Verbreitung: In Europa, einschließlich England und Fennoskandien bis 62° nördl. Breite.
Vorkommen und Lebensweise: An warmen trockenen Stellen ist die Art meist nicht selten und weit verbreitet. Sie fliegt in ein bis zwei Generationen von Mai bis September und kann tagsüber leicht aus der Vegetation aufgescheucht werden. Die Raupe lebt an Wicken *(Vicia)* und überwintert.

176. Schnauzeneule, *Hypena proboscidalis*
Merkmale: Vfl. 14–19 mm. Die Grundfarbe ist bräunlich mit zwei braunen Querlinien. Die Hinterflügel sind grau. Die Palpen sind sehr lang und nach vorne gerichtet.
Verbreitung: Über ganz Europa bis weit nach Norden.
Vorkommen und Lebensweise: Die Art ist weit verbreitet und findet sich überall, wo Brennesseln wachsen, die Futterpflanze der Raupe. Dort kann man die Falter auch leicht am Tage aufscheuchen. Sie fliegen in zwei Generationen von Mai bis Oktober. Die Puppe überwintert.

177. Spannereule, *Polypogon tarsipennalis*
Merkmale: Vfl. 13–15 mm. Die Grundfarbe ist hell graubraun mit braunen Linien. Das Männchen hat auf der Mitte der Fühler eine Verdickung. Es gibt bei uns noch fast ein Dutzend ähnlicher Arten, deren Männchen aber keinen Knoten am Fühler aufweisen.
Verbreitung: In Europa bis England, nordwärts bis 62° nördl. Breite lokal vorkommend.
Vorkommen und Lebensweise: Die Art tritt recht vereinzelt auf, ist aber in lichten Wäldern und in Gärten weit verbreitet. Die Falter fliegen in zwei Generationen von Mai bis Juni und von August bis September. Die Raupe lebt an welken Blättern krautiger Pflanzen und an abgefallenen Blättern von Bäumen. Sie überwintert.

178. Kraut-Zünslereule, *Hypena lividalis*
Merkmale: Vfl. 10–12 mm. Die Grundfarbe ist grünbraun mit einem weißlichvioletten schrägen Band über die Vorderflügel. Dieses Band ist saumwärts nicht scharf begrenzt. Die Art ist dadurch sehr charakteristisch.
Verbreitung, Vorkommen und Lebensweise: Die Art ist in Südeuropa verbreitet und fliegt dort in mehreren Generationen. Ganz einzeln dringen die Falter auch nach Norden vor. Die Raupe lebt an Glaskraut *(Parietaria).*

Familie Spanner, *Geometridae*

Wie die Eulenfalter *(Noctuidae)* sind die Spanner eine sehr umfangreiche Familie mit vielen tausend Arten. Bei uns gibt es weit über 300 Arten. Es sind kleine bis mittelgroße Falter mit zierlichem Körperbau und meist breiten Flügeln. Sie fliegen nachts, manche Arten aber auch am Tage und viele sind tagsüber leicht aus der Vegetation aufzuscheuchen. Sie besitzen wie die Eulenfalter ein Gehörorgan, das Tympanalorgan, das am Vorderrand des Hinterleibs sitzt. Die Raupen sind sehr charakteristisch. Meist sind sie langgestreckt und schlank. Sie tragen wenige Borsten und am Hinterleib haben sie nur die beiden hintersten Beinpaare. Sie bewegen sich deshalb in sehr eigentümlicher Weise, indem das Hinterleibsende an die Brustbeine herangezogen wird und der Leib darüber in einer Schlinge hochgebogen ist. Danach wird der vordere Teil des Körpers wieder nach vorne gestreckt und die Bewegung wiederholt sich. Dieses eigentümliche Spannen hat der Familie den Namen gegeben.

179. Birken-Tageule, *Archiearis parthenias*
Merkmale: Vfl. 18–19 mm. Die Grundfarbe der Vorderflügel ist bräunlich gemischt mit grau und weiß, ein undeutliches Querband bildend. Die Hinterflügel sind orange mit schwarzem Saumband, das hintere Wurzelfeld ist ebenfalls schwarz. Die Fühler des Männchens sind einfach. Es gibt noch zwei weitere Arten mit gelben und orangenfarbigen Hinterflügeln, deren Männchen aber gefiederte Fühler besitzen.
Verbreitung: Über große Teile Europas, nordwärts bis zum nördlichsten Fennoskandien.
Vorkommen und Lebensweise: Bei uns ist die Art in Birkenwäldern recht weit verbreitet und fliegt tagsüber von März bis April. Die Raupe lebt an Birken *(Betula)* und die Puppe überwintert.

180. Rostbrauner Espenspanner, *Epirrhantis diversata*
Merkmale: Vfl. 18–21 mm. Die Grundfarbe der Vorderflügel ist eine Mischung von grau und rostbraun. Die Hinterflügel sind mehr orange mit einem dunklen Mittelpunkt. Die Vorderflügel sind an der Spitze eingebuchtet.
Verbreitung: Eine östliche Art, die in Mitteleuropa und in Fennoskandien vorkommt, dagegen in Holland und Dänemark fehlt.
Vorkommen und Lebensweise: Die Falter fliegen recht lokal und selten, tagsüber von März bis Mai in den Kronen hoher Bäume und in lichten Laub- und Auwäldern, nachts aber auch um blühende Weidenkätzchen. Die Raupe lebt an Zitterpappel *(Populus tremula).*

181. Grüner Birkenspanner, Grünes Blatt, *Geometra papilionaria*
Merkmale: Vfl. 21–29 mm. Die Art ist leicht durch ihre Größe und die einheitliche grüne Grundfarbe zu erkennen. Sie hat noch schwache weißliche Querlinien.
Verbreitung: Über große Teile Europas, nordwärts bis zum Eismeer.
Vorkommen und Lebensweise: Die Falter sind häufig in lichten Wäldern, besonders in Moorgegenden zu finden. Sie fliegen nachts von Mai bis August. Raupe: s. Nr. 356.

182. Mohrenspanner, *Odezia atrata*
Merkmale: Vfl. 13–15 mm. Leicht zu erkennen durch die einfarbige braunschwarze Färbung.
Verbreitung: In West-, Mittel- und Nordeuropa, nordwärts bis Lappland.
Vorkommen und Lebensweise: Die Art ist recht weit verbreitet und an Plätzen mit hoher Kräutervegetation, wie Waldrändern und Gräben, recht häufig. Die Falter fliegen von Juni bis Juli tagsüber manchmal in großer Zahl. Die Raupe lebt an doldenblütigen Pflanzen.

183. –, *Comibaena pustulata*
Merkmale: Vfl. 13–17 mm. Beide Flügel sind leuchtend smaragdgrün mit hellem Saum, der innen hellbraun begrenzt ist.
Verbreitung: In Europa, nordwärts bis Mittelengland und Mittelschweden. Eine sehr lokal verbreitete Art.
Vorkommen und Lebensweise: Die Art zeigt verstreute Vorkommen und fliegt meist von Juni bis Juli. Die Raupe lebt an Eichen *(Quercus),* wo sie sich ein Gehäuse aus Knospenschuppen und Blattresten spinnt, in dem sie überwintert.

184. Ampferspanner, *Timandra griseata*
Merkmale: Vfl. 14–17 mm. Die Grundfarbe ist ledergelb mit brauner Bestäubung. Eine braunrote Querlinie läuft schräg über beide Flügel und weiter außen läuft noch eine schwächere Querlinie. Am Außenrand der Hinterflügel sitzt eine vorspringende Spitze.
Verbreitung: In Europa, nordwärts bis zum nördlichen Schweden und Finnland.
Vorkommen und Lebensweise: Die Art ist weit verbreitet und an geeigneten Stellen recht häufig. Man findet sie besonders an etwas feuchteren Hängen und an Wald- und Wiesenrändern. Die Falter fliegen in zwei Generationen von Mai bis September. Die Raupe lebt an Ampferarten *(Rumex).* Die Puppe wird hängend zwischen Blättern befestigt.

185. –, *Triphosa dubitata*
Merkmale: Vfl. 19–24 mm. Die Grundfarbe der Vorderflügel ist meist violettbraun. Das Mittelfeld ist verhältnismäßig breit. Die Hinterflügel sind heller braungrau mit gezacktem Saum. Beide Flügel sind breit gerundet.
Verbreitung: In Europa, nordwärts bis Mittelschweden.
Vorkommen und Lebensweise: Die Art ist recht sporadisch verbreitet und die Falter überwintern. Man findet sie zu dieser Jahreszeit manchmal in Scheunen und Kellern (wie 169). Im Frühjahr besuchen sie blühende Weiden. Die Eier werden an Kreuzdorn und Faulbaum *(Rhamnus)* abgelegt und die Falter schlüpfen im August.

186. Kleiner Frostspanner, *Operophtera brumata*
Merkmale: Vfl. Männchen 15–18 mm, Weibchen 2–3 mm. Die Grundfarbe ist dunkel gelbbraun, die Hinterflügel sind heller. Die Querbänder der Vorderflügel sind ziemlich deutlich begrenzt. Das Weibchen ist flügellos.
Verbreitung: In Mitteleuropa recht häufig, in Fennoskandien bis 65° nördl. Breite, in Südeuropa mehr lokal.
Vorkommen und Lebensweise: Die Falter fliegen von Oktober bis Dezember in lichten Laubwäldern und Gärten. Die Eier werden in Rindenritzen abgelegt. Raupe: s. Nr. 357.

187. –, *Lithostege farinata*
Merkmale: Vfl. 17–19 mm. Die Grundfarbe ist weiß, die Vorderflügel mit schwacher bläulicher Bestäubung, aber ohne Zeichnung.

Verbreitung: In Mitteleuropa, nordwärts bis Südschweden. Fehlt in Nordwesteuropa und auf den Britischen Inseln.
Vorkommen und Lebensweise: Die Falter fliegen nicht selten an Hecken und ähnlichen Stellen. Die Raupe lebt an verschiedenen kreuzblütigen Pflanzen. Sie überwintert.

188. –, *Aplocera plagiata*
Merkmale: Vfl. 19–21 mm. Die Vorderflügel sind bläulich bis weißlich aschgrau mit deutlich markierten braunen Querlinien, die teilweise dicht zusammenliegen und dadurch Bänder bilden. Die Hinterflügel sind braungrau.
Verbreitung: In Europa weit verbreitet, auf den Britischen Inseln, und in Fennoskandien bis 64° nördl. Breite. Fehlt in Nordwestdeutschland.
Vorkommen und Lebensweise: Die Falter fliegen in zwei Generationen von Mai bis Juni und wieder im August. Weit verbreitet auf etwas trockenerem Gelände. Die Raupe lebt überwinternd an Johanniskraut *(Hypericum).*

189. –, *Larentia clavaria*
Merkmale: Vfl. 18–20 mm. Die Grundfarbe ist bräunlich mit einem lilarosa Schimmer. Das Mittelfeld ist dunkler und von hellen Linien begrenzt. Längs des Saums eine scharfe weiße Wellenlinie.
Verbreitung: Die Art ist in Europa weit verbreitet – aber lokal – und geht nordwärts bis Mittelschweden.
Vorkommen und Lebensweise: Die Falter fliegen an warmen trockenen Stellen von August bis zum Herbst. Oft findet man sie in Gärten. Das Ei überwintert. Im Frühjahr lebt die Raupe an Malven und Stockrosen *(Althaea).*

190. Weißgrauer Blattspanner, *Chloroclysta truncata*
Merkmale: Vfl. 15–18 mm. Eine äußerst variable Art. Mittel- und Wurzelfeld sind braunschwarz, mehr oder weniger mit weißlichen oder bräunlichen Strichen ausgefüllt, die nach außen zu Bändern verbreitert sein können.
Verbreitung: Über ganz Europa, nordwärts bis Lappland.
Vorkommen und Lebensweise: Überall recht häufig, besonders in Wäldern, wo die Falter in zwei Generationen von Juni bis Juli und wieder im September fliegen. Sie sitzen gerne an Baumstämmen, sind aber sehr scheu und flüchten rasch, wenn sie aufgeschreckt werden. Die lange grüne Raupe lebt an verschiedenen Kräutern und Büschen.

191. Graugrüner Blattspanner, *Chloroclysta miata*
Merkmale: Vfl. 15–16 mm. Die Vorderflügel sind grünlichgrau mit helleren Bändern und Strichen und ohne rötliche Farbtöne. Die Hinterflügel sind grauweiß.
Verbreitung: Besonders in Nord- und Westeuropa und im nördlichen Mitteleuropa. Südwärts wird die Art seltener.
Vorkommen und Lebensweise: Bei uns ist die Art selten. Sie ist aber in vielen Lebensräumen verbreitet. Die Falter fliegen im Herbst und nach der Überwinterung wieder im Frühjahr. Die Raupe lebt im Sommer an Laubbäumen.

192. Birken-Blattspanner, *Rheumaptera hastata*
Merkmale: Vfl. 16–19 mm. Eine durch ihre Größe und bunte Zeichnung leicht zu erkennende Art, die aus rein weißen und rein schwarzen Feldern wechselndes Ausmaßes besteht.
Verbreitung: In Europa, nordwärts bis in das nördlichste Fennoskandien.
Vorkommen und Lebensweise: Die Art ist weit verbreitet. Manchmal ist sie lokal und dann häufig. Sie bevorzugt Birkenwälder, findet sich aber auch in Mischwäldern. Erscheinungszeit von Mai bis Juni. Die Raupe lebt an Birke *(Betula)*, aber auch an Sumpfporst *(Myrica gale)*.

193. –, *Eustroma reticulata*
Merkmale: Vfl. 12–15 mm. Die Art kann kaum mit einer anderen verwechselt werden. Die Grundfarbe der Vorderflügel ist braun und mit einem Netzwerk heller Linien durchzogen.
Verbreitung: Mitteleuropa, fehlt jedoch in Holland und Belgien und auf den Britischen Inseln. Nur in Nordwestengland vorhanden. Nordwärts bis 68° nördl. Breite.
Vorkommen und Lebensweise: Die Art fliegt lokal an feuchten schattigen Stellen wie Waldbächen und ähnlichem. Erscheinungszeit von Juni bis Juli. Die Raupe lebt an Balsaminen *(Impatiens)*.

194. –, *Xanthorhoe ferrugata*
Merkmale: Vfl. 12–14 mm. Das Mittelfeld der Vorderflügel ist fast einfarbig braunschwarz bis schwarz. Das Saumfeld ist gelbgrau mit verwischten Zeichnungen. Die Hinterflügel sind einfarbig.
Verbreitung: In Europa weit verbreitet, nordwärts bis Lappland.
Vorkommen und Lebensweise: Die Art ist in verschiedenen Lebensräumen weit verbreitet und recht häufig. Die Falter fliegen in zwei Generationen von Mai bis Juni und von Juli bis August. Die Raupe lebt an krautigen Pflanzen.

195. Gemeiner Blattspanner, *Xanthorhoe fluctuata*
Merkmale: Vfl. 12–15 mm. Zur Gattung *Xanthorhoe* gehören eine Anzahl unserer häufigsten Spannerarten. *Fluctuata* ist dadurch gekennzeichnet, daß das Mittelfeld am Vorderrand deutlich abgegrenzt ist, nach hinten zu aber undeutlich wird. Das Wurzelfeld ist ebenfalls dunkel gefärbt.
Verbreitung: Europa, nordwärts bis Lappland.
Vorkommen und Lebensweise: Häufig und weit verbreitet, oft in Gärten. Die Falter fliegen in zwei Generationen von April bis Juni und wieder von Juli bis September. Die Raupe lebt an verschiedenen Pflanzen, besonders aber an Kreuzblütlern *(Cruciferae)*.

196. Veränderlicher Blattspanner, *Thera variata*
Merkmale: Vfl. 12–17 mm. Die Grundfarbe der Vorderflügel ist grauweiß bis dunkelgrau, ohne rötliche Farbtöne. Das Mittelfeld ist nach hinten zu stark verschmälert. Eine sehr variable Art.
Verbreitung: Über große Teile Europas, nordwärts bis Lappland.

Vorkommen und Lebensweise: Die Art bevorzugt Fichtenwälder und fliegt in zwei Generationen von Juni bis Juli und wieder im Herbst. Die Raupe lebt an Nadelbäumen, besonders an Fichten *(Picea)* und Kiefern *(Pinus).*

197. –, *Euphyia luctuata*
Merkmale: Vfl. ca. 15 mm. Die Grundfarbe ist grauschwarz, beide Flügel haben ein weißes Band über die Mitte. Leicht zu erkennen.
Verbreitung: In Mitteleuropa, besonders in Berggegenden und in Fennoskandien nordwärts bis zum Eismeer. Die Verbreitung vergrößert sich zusehends.
Vorkommen und Lebensweise: Besonders in Wäldern auf Lichtungen. Die Falter fliegen in zwei Generationen von Juni bis August. Die Raupe lebt an Weidenröschen *(Epilobium).*

198. –, *Epirrhoe alternata*
Merkmale: Vfl. 13–14 mm. Die Grundfarbe beider Flügelpaare ist grauschwarz, manchmal mit bräunlichen Tönen. Außerhalb des Mittelfeldes liegt ein weißliches Band, das von einer dunklen Linie geteilt wird. Das dunkle Saumfeld des Vorderflügels wird von diesem weißen Band scharf begrenzt.
Verbreitung: Europa, nordwärts bis zum Polarkreis.
Vorkommen und Lebensweise: Häufig und weit verbreitet an Waldrändern, Lichtungen, Jungholzbeständen und ähnlichem. Die Falter fliegen in zwei Generationen von Mai bis Juni und von August bis September. Die Raupe lebt an Labkraut *(Galium).* Die Puppe überwintert in der Erde.

199. Bläulicher Blattspanner, *Entephria caesiata*
Merkmale: Vfl. 16–20 mm. Die Grundfarbe ist weißgrau, das Mittelfeld ziemlich breit und nach hinten nicht verschmälert, auch nicht scharf abgegrenzt. Die Hinterflügel haben eine sehr verwischte Zeichnung.
Verbreitung: In den Berggegenden Mitteleuropas und in Fennoskandien. Auch auf den Britischen Inseln.
Vorkommen und Lebensweise: Die Art lebt auf Gebirgsheiden und Mooren, gern in felsigem Gelände, wo die Falter auf den Steinen sitzen und durch ihre Farbe kaum zu erkennen sind. Flugzeit von Juli bis August. Die Raupe lebt an *Vaccinium*-Arten.

200. –, *Horisme tersata*
Merkmale: Vfl. 15–18 mm. Die Vorderflügel sind auffallend lang und beide Flügelpaare zeigen fast die gleiche Zeichnung. Diese besteht aus einem System dicht nebeneinander liegender Wellenlinien und schmalen Bändern in graubraunen und helleren Farbtönen. Der Saum des Hinterflügels ist gezähnt.
Verbreitung: In Mitteleuropa weit verbreitet, fehlt aber im Nordwesten des Gebiets. Auch in Fennoskandien weit verbreitet.
Vorkommen und Lebensweise: Die Art lebt in Laub- und Mischwäldern und fliegt von April bis Mai und von Juli bis August. Die Raupe lebt an Waldrebe *(Clematis),* Christophskraut *(Actaea)* und anderen Pflanzen. Die Puppe überwintert.

201. Purpurspanner, *Lythria purpurata*
Merkmale: Vfl. 12–15 mm. Die Vorderflügel sind dunkel ockergelb und mit zwei rotvioletten Bändern versehen. Die Hinterflügel sind gelb mit dunklem Wurzelfeld.
Verbreitung: In Europa weit verbreitet, nordwärts bis Lappland, fehlt aber auf den Britischen Inseln.
Vorkommen und Lebensweise: In geeigneten Lebensräumen wie sandigen und stark besonnten Stellen weit verbreitet und recht häufig. Die Falter fliegen gerne am Tage und erscheinen in zwei Generationen von Mai bis Juni und von Juli bis August. Die Raupe hat eine rote Oberseite und eine grüne Unterseite. Sie lebt an Kleinem Apfer *(Rumex acetosella)*.

202. –, *Scopula decorata*
Merkmale: Vfl. 12–14 mm. Die Gattung *Scopula* umfaßt in Europa eine Reihe meist hell gezeichneter Arten. Diese Art wird besonders durch den starken Unterschied zwischen den fast weißen Wurzel- und Zwischenfeldern und dem blaugrauen Saumfeld charakterisiert.
Verbreitung: In Europa, nordwärts bis Südschweden. Nicht auf den Britischen Inseln.
Vorkommen und Lebensweise: Die Art ist an warme und trockene Orte gebunden, wo sie in zwei Generationen von Mai bis Juni und von Juli bis September fliegt. Die Raupe lebt an Thymian *(Thymus)*.

203. –, *Idaea muricata*
Merkmale: Vfl. 9–10 mm. Die Grundfarbe der Vorderflügel ist ockergelb, aber in wechselndem Maß von purpurroter Bestäubung überdeckt, so daß manchmal nur der Saum und das Mittelfeld gelb bleiben.
Verbreitung: Europa, in Schweden bis 62° nördl. Breite.
Vorkommen und Lebensweise: Die Art lebt auf Heiden, Wiesen und Brachland. Die Falter fliegen von Juni bis August.

204. –, *Rhodometra sacraria*
Merkmale: Vfl. 12–14 mm. Die Grundfarbe der Vorderflügel ist einfarbig gelblich mit einer dunkleren schrägen Linie von der Flügelspitze zur Mitte des Innenrands. Die Hinterflügel sind einfarbig weißlich.
Verbreitung, Vorkommen und Lebensweise: Die Art ist eigentlich in Afrika und Südeuropa zuhause, wandert aber nordwärts und wird dann in Mitteleuropa und England gefunden. Es gibt große Schwankungen in der Häufigkeit der Einwanderung. Von den Einwanderern kann eine zweite Generation abstammen, die von September bis Oktober fliegt. Die Raupe lebt besonders an Vogelknöterich *(Polygonum aviculare)*.

205. –, *Cyclophora puppilaria*
Merkmale: Vfl. 11–15 mm. Die Grundfarbe der Vorderflügel ist rötlichgrau bis graugelb, von feinen orangeroten Querlinien durchsetzt. Meist fehlt die deutlich dunklere Querstreifung.

Verbreitung, Vorkommen und Lebensweise: Eine südeuropäische Art, die nordwärts bis in die südlichen Alpentäler und Ungarn vorkommt. Sie wandert aber und erreicht einzeln England, Holland und Dänemark. In ihrer eigentlichen Heimat fliegt sie in drei sich überschneidenden Generationen den ganzen Sommer über. Die Raupe lebt an Zistrosen und Eichen.

206. –, *Idaea inquinata (herbariata)*
Merkmale: Vfl. 7–10 mm. Die Grundfarbe der Vorderflügel ist ledergelb mit brauner Bestäubung. Auf den Vorderflügeln drei, auf den Hinterflügeln zwei dunklere braune Bänder und eine doppelte Wellenlinie. Die Fransen mit großen schwarzen Flecken.
Verbreitung, Vorkommen und Lebensweise: Besonders in den mittel- und westeuropäischen Tiefländern. Die Art ist besonders an landwirtschaftliche Gebäude gebunden und fliegt von April bis Juni und wieder von August bis September. Die Raupe lebt an Heu und anderen trockenen Pflanzen. Sie kann auch in Herbarien auftreten und Schaden anrichten.

207. –, *Eucrostes indigenata*
Merkmale: Vfl. 8–10 mm. Die Grundfarbe ist lebhaft grün, der Flügelsaum und die Fransen sind rotbraun.
Verbreitung, Vorkommen und Lebensweise: Die Art ist in Südwesteuropa und in Nordafrika zu finden und fliegt in zwei Generationen. Die Raupe lebt an verschiedenen Wolfsmilcharten *(Euphorbia).*

208. –, *Idaea ostrinaria*
Merkmale: Vfl. 8–10 mm. Die Vorderflügel sind sehr spitz und der Saum schräg. Die Grundfarbe ist rotbraun mit einem rosa Schimmer. Nahe dem Saum am Vorderflügel ist ein dunkleres Band, das sich nach vorn in zwei Linien auflöst.
Verbreitung, Vorkommen und Lebensweise: Südeuropa, Nordafrika und Kleinasien. Die Flugzeit ist Juni. Die Raupe lebt an Korbblütlern, Nelken und anderen krautigen Pflanzen. Sie versteckt sich in den Blüten und zwischen Blättern. Nach der Überwinterung ist sie gegen Ende Mai erwachsen.

209. –, *Orthonama obstipata*
Merkmale: Vfl. 9–11 mm. Die Grundfarbe ist beim Männchen hellbraun mit einem dunklen Mittelband, beim Weibchen dagegen dunkler purpurbraun. In dem dunklen Band liegt ein deutlicher Mittelpunkt, der weiß ist und ein schwarzes Zentrum hat.
Verbreitung: In den wärmeren Teilen Europas, Afrikas, Asiens und Nordamerikas weit verbreitet.
Vorkommen und Lebensweise: Die Art ist ein ausgeprägter Wanderer, der in Europa nordwärts bis England und Südschweden vordringt und dort besonders von September bis November gefunden werden kann. Manchmal gelingt es den Zuwanderern noch eine weitere Generation zu erzeugen. Als Wanderer werden die Falter an verschiedenen Orten gefunden.

210. –, *Discoloxia blomeri*
Merkmale: Vfl. 11–14 mm. Die Vorderflügel sind weißgrau, die Flügelspitze mit einem großen kastanienbraunen Feld, das von weißlichen Wellenlinien durchzogen wird. Am Saum liegen dunkle Mondflecken. Die Hinterflügel sind grau mit undeutlichen Querlinien.
Verbreitung, Vorkommen und Lebensweise: In den Bergen Mitteleuropas und wieder in Fennoskandien. Die Art ist recht selten und sehr lokal. Die Falter fliegen von Juni bis Juli und sitzen tagsüber gerne an Baumstämmen. Die Raupe lebt im Herbst an Ulmen *(Ulmus).*

211. –, *Hydrelia flammeolaria*
Merkmale: Vfl. 10–11 mm. Beide Flügel mit einem Fleckenmuster, das aus gelben und ockerbraunen Farben zusammengesetzt ist.
Verbreitung: In Europa weit verbreitet, nordwärts bis 66° nördl. Breite.
Vorkommen und Lebensweise: Die Art ist in feuchten Wäldern und Hecken verbreitet und stellenweise nicht selten. Sie fliegt von Mai bis Juli. Die Raupe lebt von August bis September an Erlen *(Alnus).*

212. –, *Stegania cararia*
Merkmale: Vfl. 11–12 mm. Die Grundfarbe ist ockergelb, von feinen rostbraunen Linien überzogen. Die äußere Querlinie ist mit der Saumlinie verbunden.
Verbreitung, Vorkommen und Lebensweise: Eine süd- und mitteleuropäische Art, die nordwärts bis Sachsen, Österreich, der Westschweiz und Nordfrankreich vordringt. Flugzeit von Juni bis Juli. Die Raupe lebt an Pappeln *(Populus).*

213. –, *Perizoma alchemillata*
Merkmale: Vfl. 10–11 mm. Die Vorderflügel sind in der Grundfarbe braun, das Mittelfeld ist nach innen von einer undeutlichen doppelten weißen Linie begrenzt, nach außen von einem breiteren weißlichen Band, das von einer dunklen Linie geteilt wird. Das Saumfeld weist unter dem Vorderrand einige dunklere Striche auf. Die Hinterflügel sind undeutlich gemustert.
Verbreitung: Über den größten Teil Europas einschließlich ganz Fennoskandiens.
Vorkommen und Lebensweise: Überall weit verbreitet, besonders an Hecken, in lichten Wäldern, in Gärten und Parks, von Juli bis August. Die Raupe lebt im Herbst an Hohlzahn *(Galeopsis).*

214. –, *Pygmaena fusca*
Merkmale: Vfl. Männchen 10–11 mm, Weibchen 8 mm. Die Flügel sind braunschwarz mit zwei sehr undeutlichen dunkleren Querlinien. Die Flügel des Weibchens sind verkürzt und schmäler und das Tier ist nicht mehr flugfähig.
Verbreitung, Vorkommen und Lebensweise: In den Alpen sowie in den Bergen Fennoskandiens. Die Art kommt oberhalb der Baumgrenze vor und erscheint von Juli bis August. Die Raupe lebt überwinternd an Arten von *Vaccinium.*

215. –, *Eulithis mellinata*
Merkmale: Vfl. 15–17 mm. Die Grundfarbe der Vorderflügel ist ockergelb. Zwei braune Querlinien, deren äußere am breitesten ist und einen ziemlichen Vorsprung aufweist, durchziehen den Vorderflügel. Der Saum beider Flügel ist deutlich gefleckt.
Verbreitung: Europa, nordwärts bis 62° nördl. Breite.
Vorkommen und Lebensweise: Die Art ist weit verbreitet aber nie häufig. Sie fliegt bevorzugt in Gärten, da die Raupe Johannisbeeren und Stachelbeeren *(Ribes)* bevorzugt. Die Falter findet man von Ende Juni bis August.

216. –, *Camptogramma bilineata*
Merkmale: Vfl. 12–15 mm. Die Flügel sind goldgelb gefärbt und von zahlreichen helleren Querlinien überzogen. Ein Diskalfleck fehlt.
Verbreitung: Über große Teile Europas, nordwärts bis 64° nördl. Breite.
Vorkommen und Lebensweise: Sehr weit verbreitet und in sehr unterschiedlichen Lebensräumen meist recht häufig. Die Falter erscheinen von Juni bis August. Die Raupe lebt an zahlreichen krautigen Pflanzen.

217. Stachelbeerspanner, Harlekin, *Abraxas grossulariata*
Merkmale: Vfl. 17–21 mm. Einer der bekanntesten Spanner. Die Grundfarbe ist weißlich, nahe der Wurzel und außerhalb der Mitte der Vorderflügel eine gelbe Querlinie, die von schwarzen Flecken umgeben ist. Der Hinterleib ist gelb mit schwarzen Flecken und Streifen. Die Art ist äußerst variabel in der Farbzeichnung.
Verbreitung: Fast über ganz Europa, nach Norden aber nur bis Mittelschweden und Südfinnland.
Vorkommen und Lebensweise: Bei uns ist die Art fast überall in sehr wechselnder Häufigkeit verbreitet. Sie lebt in allen möglichen Lebensräumen. Die Falter findet man nicht selten auch am Tage fliegend, sie erscheinen von Juli bis August. Raupe: s. Nr. 359.

218. Sumpfheidelbeerspanner, *Abraxas melanaria*
Merkmale: Vfl. 19–22 mm. Die Vorderflügel sind von schmutzig weißer Grundfarbe mit Querreihen braunschwarzer Flecken. Die Hinterflügel sind leuchtend gelb mit braunschwarzen Flecken. Die Art variiert in ihrem Aussehen sehr.
Verbreitung: Eine östliche Art, die ihre Westgrenze in Dänemark und Deutschland hat und in Belgien und Holland sowie auf den Britischen Inseln fehlt.
Vorkommen und Lebensweise: Die Art ist lokal aber nicht selten an Plätzen verbreitet, wo die Futterpflanze der Raupe, Sumpfheidelbeere *(Vaccinium uliginosum)* wächst.

219. –, *Hylaea fasciaria*
Merkmale: Vfl. 17–21 mm. Die Grundfarbe ist grünlich mit zwei weißlichen oder rötlichen Streifen auf den Vorderflügeln. Es kommt auch eine komplimentäre Form vor, die rötlich mit gelblichen oder grünlichen Querstreifen ist. Es gibt auch eine graue Form.

Verbreitung: In Europa weit verbreitet, nordwärts bis 64° nördl. Breite.
Vorkommen und Lebensweise: Die Art ist besonders in Nadelwäldern weit verbreitet und meist nicht selten. Je nach Lokalität ist die Anzahl der verschiedenen Farbvarianten verschieden. Die Falter fliegen von Juni bis Juli. Die Raupe lebt an Fichten und an Kiefern und ist im Mai erwachsen.

220. Perlspanner, *Campaea margaritata*
Merkmale: Vfl. 20–28 mm. Die Grundfarbe der Flügel ist sehr blaß grünlich, auf den Vorderflügeln zwei gerade Querlinien, die nach außen weiß begrenzt sind. Die äußere Querlinie findet auf dem Hinterflügel eine Fortsetzung.
Verbreitung: Europa, nordwärts bis Mittelschweden und Südfinnland.
Vorkommen und Lebensweise: Die Art ist weit verbreitet und nicht selten in Buchen- und Mischwäldern. Sie fliegt von Juni bis Juli. Die Raupe lebt an Buche *(Fagus),* Eiche *(Quercus),* Birke *(Betula)* und anderen Laubbäumen. Sie überwintert festgepreßt an einem Zweig.

221. –, *Aspilates formosaria*
Merkmale: Vfl. 18–21 mm. Die Vorderflügel sind braungelb mit einem scharfen und recht breiten weißen Schrägband, das die Flügelspitze nicht erreicht. Der Saum ist hell. Die Hinterflügel sind weißlich mit einer dunklen Linie zum Innenwinkel hin.
Verbreitung, Vorkommen und Lebensweise: Die Art kommt in Norddeutschland, Holland und Westfrankreich vor, auch in Südosteuropa. Sie fehlt in Dänemark und Fennoskandien. Sie fliegt im Juli auf Mooren. Die Raupe lebt überwinternd an verschiedenen Sumpfpflanzen, z. B. an Dotterblume *(Caltha palustris).*

222. Zitronenspanner, *Opisthograptis luteolata*
Merkmale: Vfl. 19–22 mm. Die Grundfarbe der Flügel ist schwefelgelb, am Vorderrand der Vorderflügel befinden sich drei rostrote Felder, von welchen das mittlere einen weißen, dunkel gerandeten Diskalfleck berührt. Auf der übrigen Flügelfläche oft undeutlich dunklere Flecken.
Verbreitung: Mittel- und Südeuropa, nordwärts bis 66° nördl. Breite, aber nur im Flachland.
Vorkommen und Lebensweise: Die Art ist recht weit verbreitet und nicht selten in Wäldern und an Hecken, in Gärten und im Buschland. Die Falter fliegen von Mai bis Juni, im südlichen Europa auch in zwei Generationen. Die Raupe lebt an Laubbäumen, z. B. an Weißdorn *(Crataegus)* und an Obstbäumen.

223. Gelber Fleckenspanner, *Pseudopanthera macularia*
Merkmale: Vfl. 14–16 mm. Die Grundfarbe der Flügel ist goldgelb, dicht besetzt mit schwarzen Flecken, manchmal ganz schwarz.
Verbreitung: Fast über ganz Europa verbreitet.
Vorkommen und Lebensweise: Die Art lebt lokal in offenen Wäldern, wo die Futterpflanzen der Raupe: Taubnessel *(Lamium)* und Ziest *(Stachys)* wachsen. Die Raupe lebt im August an diesen Pflanzen und die Falter fliegen von Mai bis Juni, nicht selten bei Tage.

224. Nachtschwalbenschwanz, *Ourapteryx sambucaria*
Merkmale: Vfl. 27–30 mm. Die Grundfarbe ist blaß zitronengelb. Am Vorderflügel gibt es zwei bräunliche Querlinien, deren innere sich am Hinterflügel fortsetzt. Am Hinterflügel ist ein kurzer Schwanz, an dessen Basis einige dunkle Flecken liegen.
Verbreitung: Über ganz Europa, nordwärts bis Mittelschweden.
Vorkommen und Lebensweise: Die Art ist nicht sehr häufig aber weit verbreitet. Sie kommt in Laubwäldern, Gärten und Parks vor und fliegt von Juli bis August. Die Raupe lebt an Hollunder *(Sambucus),* Schneeball *(Viburnum)* und Geißblatt *(Lonicera).* Sie überwintert festgesponnen an einem Zweig.

225. Großer Frostspanner, *Erannis defoliaria*
Merkmale: Vfl. Männchen 22–26 mm, Weibchen (225 a) flügellos. Die Grundfarbe ist sehr variierend. Die Vorderflügel des Männchens zeigen einen deutlichen schwarzen Diskalfleck und die innere Querlinie ist über der Mitte scharf nach außen gewinkelt. Die Hinterflügel sind dicht mit dunkleren Schuppen gesprenkelt. Das Weibchen hat eine doppelte Reihe Flecken über dem ganzen Körper.
Verbreitung: Über große Teile Europas, nordwärts bis 62° nördl. Breite.
Vorkommen und Lebensweise: Der große Frostspanner ist weit verbreitet und recht häufig in Wäldern, Gärten, Alleen und in der Nähe von Siedlungen. Die Falter erscheinen von Oktober bis Dezember. Die flügellosen Weibchen kriechen abends auf den Baumstämmen herum und werden dort von den Männchen aufgesucht. Die Raupen leben auf verschiedenen Laubbäumen und können an Obstbäumen und Eichen Schaden anrichten. Man hat die Weibchen beim Emporklettern an den Baumstämmen mit Leimringen gefangen.

226. –, *Crocallis elinguaria*
Merkmale: Vfl. 18–22 mm. Die Grundfarbe der Flügel ist blaß gelb. Das Mittelfeld der Vorderflügel ist mehr oder weniger rotbraun gefärbt und trägt einen schwarzen Diskalpunkt.
Verbreitung: In Europa, nordwärts bis 64° nördl. Breite.
Vorkommen und Lebensweise: Die Art ist in den verschiedensten Lebensräumen weit verbreitet und nicht selten. Die Falter fliegen von Juli bis August. Die Raupe lebt an zahlreichen Laubbäumen und Büschen.

227. Fliederspanner, *Apeira syringaria*
Merkmale: Vfl. 19–22 mm. Die Grundfarbe ist violettgrau vermischt mit rot. Das Saumfeld ist vorne rostgelb gefärbt. Die Querlinien sind weißlich rosa, ebenso wie die Flügelspitze und Teile des Vorderrands. Der Saum des Hinterflügels ist etwas gezackt.
Verbreitung: Süd- und Mitteleuropa, nordwärts bis 60° nördl. Breite.
Vorkommen und Lebensweise: Die Art ist weit verbreitet aber nicht sehr häufig. Die Falter sind in Wäldern, wo die Futterpflanze der Raupe, das Geißblatt *(Lonicera),* wächst und in Gärten mit Flieder *(Syringa)* und Liguster *(Ligustrum)* zu finden.

228. –, *Perizoma sagittata*
Merkmale: Vfl. 13–15 mm. Die Grundfarbe der Vorderflügel ist braun, ein scharf gezeichnetes dunkles Mittelfeld zeigt einen deutlichen zahnförmigen Vorsprung nach außen. Die Hinterflügel sind grau und undeutlich gezeichnet. Die Fransen sind gefleckt.
Verbreitung: In Europa, nordwärts bis Mittelschweden und Südfinnland.
Vorkommen und Lebensweise: Die Art fliegt in feuchten Waldgebieten von Juni bis Juli. Die Raupen leben an den Blüten von Wiesenraute *(Thalictrum).* Sie sind außerordentlich gut getarnt. Die Puppe überwintert, manchmal auch zweimal.

229. –, *Bapta tibeale*
Merkmale: Vfl. 13–15 mm. Die Grundfarbe ist braunschwarz, auf den Vorderflügeln findet man ein ziemlich breites weißes Querband. Manchmal ist auch auf den Hinterflügeln etwas weiß.
Verbreitung, Vorkommen und Lebensweise: In den Alpen sowie in den Bergen Fennoskandiens. Die Falter fliegen im Juli in feuchten Waldschluchten. Die Raupe lebt an Christophskraut *(Actaea spicata).*

230. Schlehenspanner, *Angerona prunaria*
Merkmale: Vfl. 22–28 mm. In der Farbzeichnung ist die Art äußerst variierend, die Grundfarbe kann von blaß ledergelb bis orangerot sein. Gewöhnlich finden sich zahlreiche kleine dunkle Querstriche, besonders bei den Männchen. Diese dunkle Zeichnung kann sich fast über die ganze Flügelfläche ausdehnen.
Verbreitung: Über große Teile Europas, nordwärts bis Mittelschweden.
Vorkommen und Lebensweise: Die Art ist weit verbreitet und recht häufig an Waldrändern und in Gärten. Sie fliegt von Juni bis Juli. Die Raupe lebt an holzigen Pflanzen und überwintert halb erwachsen.

231. –, *Cabera pusaria*
Merkmale: Vfl. 15–17 mm. Die Grundfarbe der Flügel ist weißlich, die Vorderflügel mit drei, die Hinterflügel mit zwei braunen oder schwärzlichen Querlinien, die fast parallel laufen.
Verbreitung: Mittel- und Nordeuropa, nordwärts bis Lappland.
Vorkommen und Lebensweise: Die Art ist weit verbreitet und recht häufig an Plätzen, wo die Futterpflanze der Raupe, Weide *(Salix),* wächst. Die Falter erscheinen von Mai bis August in zwei sich überschneidenden Generationen.

232. –, *Siona lineata*
Merkmale: Vfl. 19–24 mm. Die Grundfarbe ist weißlich. Die Oberseite trägt nur an den Adern feinde dunkle Linien, die auf der Unterseite breiter sind und von einem dunklen Querband überkreuzt werden.
Verbreitung: Über große Teile Europas, nordwärts bis 62° nördl. Breite. Fehlt in Nordwestdeutschland und Holland, in England nur in den südlichsten Landesteilen.
Vorkommen und Lebensweise: Die Falter fliegen von Mai bis Juli bevorzugt

auf Wiesen und Waldlichtungen mit Gras. Die Raupe lebt überwinternd an krautigen Pflanzen.

233. Erlen-Zackenrandspanner, *Ennomos alniaria*
Merkmale: Vfl. 18–20 mm. Die Grundfarbe der Vorderflügel ist blaß ockergelbbraun mit nur schwachen dunklen Querlinien. Der Flügelsaum ist gezackt. Die Brust ist schwefelgelb behaart.
Verbreitung: Europa, nordwärts bis 64° nördl. Breite.
Vorkommen und Lebensweise: Die Art ist weit verbreitet und nicht selten an Orten in Waldnähe. Die Falter fliegen von August bis Oktober. Die Raupe lebt an Erle *(Alnus),* aber auch an Birke *(Betula),* Weide *(Salix)* und anderswo.

234. –, *Epione repandaria*
Merkmale: Vfl. 13–16 mm. Die Grundfarbe ist golden ockergelb mit orangeroter Querstreifung und violettbraunem Saumfeld, das zur Flügelspitze hin schmäler wird, so daß die innere Begrenzung des Saumfelds in der Flügelspitze endet.
Verbreitung: In Europa weit verbreitet, nordwärts bis 66° nördl. Breite.
Vorkommen und Lebensweise: Die Art ist weit verbreitet und erscheint in sehr wechselnder Häufigkeit. Man findet die Falter überall wo Weiden wachsen. Sie erscheinen von Juli bis September. Das Ei überwintert und die Raupe lebt im Frühjahr an Weiden *(Salix).*

235. –, *Alsophila aescularia*
Merkmale: Vfl. Männchen 16–20 mm, Weibchen flügellos, rund 10 mm lang. Das Männchen ist grau mit rotbraunem Schimmer. Die äußere Querlinie ist stark gezähnt. Nahe dem Saum eine Reihe kleiner schwarzer Flecken. Das Weibchen ist rotgrau und nach hinten deutlich verschmälert.
Verbreitung: Europa, nordwärts bis Mittelschweden.
Vorkommen und Lebensweise: Die Art ist in Wäldern weit verbreitet und recht häufig. Die Falter fliegen von Februar bis April. Die Weibchen sitzen an Baumstämmen und Ästen und erwarten dort die Männchen. Nach der Paarung werden die Eier an Zweige abgelegt. Die Raupe lebt an Laubbäumen.

236. –, *Pachycnemia hippocastanaria*
Merkmale: Vfl. 14–16 mm. Von anderen Spannern leicht durch die sehr schmalen Vorderflügel zu unterscheiden. Die Grundfarbe ist heller oder dunkler blaugrau. Der Falter hat dunklere Zeichnungen in Form von schwärzlichen Strichen in variierendem Umfang.
Verbreitung: Mitteleuropa nordwärts bis Südengland, Südschweden und Südnorwegen.
Vorkommen und Lebensweise: Die Art ist sehr lokal verbreitet aber oft recht häufig, besonders auf Heideland. Die Falter erscheinen von April bis Juni und wieder von Juli bis Oktober. Tags kann man die Tiere leicht aus dem Heidekraut aufscheuchen, über dem die Falter abends schwärmen. Die Raupe lebt an Heidekraut *(Calluna vulgaris).*

237. Steineichenbaum-Spanner, *Boarmia roboraria*
Merkmale: Vfl. 23–31 mm. Die Grundfarbe ist weißgrau mit dunkleren Zeichnungen. Die Art fällt durch ihre Größe auf.
Verbreitung: Mitteleuropa, im Norden bis Mittelschweden.
Vorkommen und Lebensweise: Die Art lebt in Wäldern, wo die Falter gerne an Baumstämmen sitzen und dort schwer zu entdecken sind. Sie fliegen von Juli bis August. Die Raupe lebt an Eichen *(Quercus).*

238. –, *Peribatodes rhomboidaria*
Merkmale: Vfl. 19–21 mm. Die Grundfarbe ist dunkelgrau mit bräunlichem Schimmer. Die äußere Querlinie ist nahe dem Vorderrand gewinkelt und verläuft von dort schräg zum Innenrand. Gleichzeitig ist die Mittellinie stark gezackt.
Verbreitung: Die Art ist in Mitteleuropa weit verbreitet, aber lokal. Nach Norden bis Südschweden und den Britischen Inseln.
Vorkommen und Lebensweise: Der Falter lebt in Wäldern und Gärten und fliegt von Juli bis August. Die Raupe findet man an Büschen und Bäumen.

239. Birkenspanner, *Biston betularia*
Merkmale: Vfl. 21–32 mm. Das Weibchen ist größer als das Männchen. Die Farbe variiert sehr stark. Die namenstypische Form hat eine weißgraue Grundfarbe und ist schwarz gesprenkelt mit dunklen Querlinien und Flecken. Eine ganz schwarze Form (239 a) *carbonaria,* ist in den vergangenen 125 Jahren immer häufiger geworden, zuerst in England, dann auch im übrigen Europa.
Diese Erscheinung wurde Industriemelanismus genannt und hat zu vielerlei Diskussionen Anlaß gegeben. Man nimmt an, daß die von der Industrie erzeugten Verunreinigungen der Luft den grauen Flechtenbewuchs der Baumstämme zerstören, wo die hellen Falter dann gut zu sehen sind, während die schwarzen Exemplare auf der nunmehr dunklen Unterlage gut getarnt sind. Der Ursprung der schwarzen Form ist in einer Mutation zu suchen.
Verbreitung: In Europa, weit verbreitet auch im Norden.
Vorkommen und Lebensweise: Die Art ist in Gärten, Parks und Laubwäldern ziemlich häufig. Die Flugzeit erstreckt sich von Mai bis August. Raupe: s. Nr. 358.

240. –, *Fagivorina arenaria*
Merkmale: Vfl. 16–18 mm. Die Grundfarbe ist weiß mit feiner schwarzer Bestäubung. Daneben gibt es schwarze mehr oder weniger unterbrochene Querlinien, die braun begrenzt sind. Ganz frische Exemplare zeigen einen grünlichen Schimmer.
Verbreitung: In Mitteleuropa lokal verbreitet, nordwärts bis Südengland und Mittelschweden.
Vorkommen und Lebensweise: Die Art findet man in alten Buchenwäldern in etwas zerstreuten Vorkommen. Sie fliegt im Juni. Die Raupe lebt von Flechten an Stämmen und Ästen der Buche *(Fagus)* und Eiche *(Quercus).*

241. –, *Gnophos obfuscatus*
Merkmale: Vfl. 19–24 mm. Die Grundfarbe ist grau mit gelblichbraunen seidigem Glanz. Außerdem gibt es einige mehr oder weniger deutliche wellige Querlinien.
Verbreitung, Vorkommen und Lebensweise: Die Art ist in den Alpen und in Fennoskandien verbreitet und fehlt in den dazwischen liegenden Gebieten. Die Falter fliegen im Juli und die Raupe lebt an verschiedenen krautigen Pflanzen.

242. –, *Lycia zonaria*
Merkmale: Vfl. Männchen 14–16 mm, Weibchen flügellos, ca. 10 mm lang. Die Vorderflügel des Männchens sind braungrau mit zwei weißen Querlinien und weißlichem Wurzelfeld. Die Hinterflügel sind weißlich mit braungrauen Querlinien und braungrauem Saumfeld. Das Weibchen hat spitze Flügelreste und ist rötlich und gelblich behaart.
Verbreitung: Eine westeuropäische Art, die ihre Ostgrenze in Südschweden und in der Gegend der Odermündung hat.
Vorkommen und Lebensweise: Die Art bevorzugt offenes Gelände, wo die Falter von März bis April fliegen. Die Raupe lebt an krautigen Pflanzen, besonders auf offenem sandigem Boden.

243. –, *Semiothisa clathrata*
Merkmale: Vfl. 11–15 mm. Die Grundfarbe beider Flügel ist weißlich oder gelblich mit einem Gitter aus dunklen Adern und Querlinien überzogen. Die Art ist sehr variabel.
Verbreitung: Über große Teile Europas, nordwärts bis Lappland.
Vorkommen und Lebensweise: Die Art ist weit verbreitet und fliegt im Mai, später wieder im August, an Waldwegen, Bahndämmen und dergleichen; hauptsächlich am Tage. Die Raupe lebt an Klee *(Trifolium).*

244. Heidekrautspanner, *Ematurga atomaria*
Merkmale: Vfl. 13–17 mm. Eine variable Art. Das Männchen ist gelb und braun oder weiß und braun, das Weibchen ist braun und weiß oder schwarz und weiß.
Verbreitung: Über große Teile Europas, nordwärts bis zum nördlichen Schweden.
Vorkommen und Lebensweise: Die Art ist weit verbreitet und fliegt überall wo die Nahrungspflanze, Heidekraut, zu finden ist, aber auch an Wiesen und anderen trockenen Plätzen. Die Falter fliegen von Mai bis Juli lebhaft am Tage. Die Raupe lebt an Heidekraut *(Calluna)* und anderen krautigen Pflanzen.

245. Kiefernspanner, *Bupalus piniaria*
Merkmale: Vfl. 19–22 mm. Die Grundfarbe des Männchens ist schwärzlich mit unregelmäßig geformten gelblichweißen Feldern auf der Flügelmitte und im äußeren Teil des Hinterflügels. Die Grundfarbe des Weibchens ist viel heller, braunrot und mit sehr stark auseinander geflossener heller Zeichnung.

Verbreitung: In Europa, bis weit nach Norden fast überall verbreitet.
Vorkommen und Lebensweise: Die Art findet sich überall, wo Kiefern wachsen und fliegt von Juni bis Juli, auch am Tage. Raupe: s. Nr. 360.

246. –, *Eupithecia vulgata*
Merkmale: Vfl. 10–11 mm. Diese und die folgende Art repräsentiert eine Gattung, die bei uns über 50 Arten umfaßt. Die Arten sind schwer voneinander zu unterscheiden. Die Art *vulgata* zeigt eine schmutzig braune Grundfarbe. Die doppelte äußere Querlinie ist nahe dem Vorderrand fast rechtwinkelig gebogen.
Verbreitung: In Europa weit verbreitet bis in den hohen Norden.
Vorkommen und Lebensweise: Von Mai bis Juli findet man die Falter fast überall. Die Raupe lebt an mehr oder weniger verwelkten Blättern verschiedener Pflanzen.

247. –, *Eupithecia venosata*
Merkmale: Vfl. 11–13 mm. Die Grundfarbe ist gelblich grau mit einem charakteristischen Muster feiner schwarzer Linien. Bei uns ist die Art mit keiner anderen zu verwechseln.
Verbreitung: Mittel-, West- und Nordeuropa.
Vorkommen und Lebensweise: Die Art hat ein ausgedehntes Verbreitungsgebiet und fliegt von Juni bis Juli. Die Raupe lebt in und an den Kapseln von Leimkraut *(Silene)*.

Familie Zünsler, *Pyralidae*

Die Falter fliegen nachts gerne ans Licht, oft auch ans offene Feuer, und haben deshalb ihren deutschen Namen erhalten. Die sehr umfangreiche Familie ist bei uns mit weit über 200 Arten vertreten, auf der ganzen Erde aber mit vielen Tausenden. Die Palpen der Falter sind meist sehr kräftig entwickelt, vorgestreckt oder nach oben gebogen und geben den Tieren ein charakteristisches Aussehen. Die Vorderflügel sind länglich dreieckig, verhältnismäßig schmal und sind oft seidig glänzend. Darunter fällt eine ganze Anzahl sehr schädlicher Arten.

248. Wachsmotte, *Aphomia sociella*
Merkmale: Vfl. 12–18 mm. Die Grundfarbe der Vorderflügel ist braungrau, im Saumfeld und am Vorderrand olivgrün, beim Weibchen auch im Wurzelfeld. Die sehr undeutlichen Querlinien sind braun und zackig. Im Mittelfeld gibt es zwei schwarze Punkte.
Verbreitung: Über große Teile Europas.
Vorkommen und Lebensweise: Weit verbreitet und meist recht häufig an Waldrändern, in Gärten und Hecken, wo die Falter tagsüber in der Vegetation verborgen sitzen. Sie fliegen von Juni bis August. Die Raupen leben in Gesell-

schaften in Wespen- und Hummelnestern, aber auch in Bienenstöcken, wo sie alte Waben und Abfälle verzehren und auch frische angreifen. Die Verpuppung erfolgt in dichten Kokons, die manchmal die Zwischenräume der Waben ganz ausfüllen können.

249. Schilfzünsler, *Chilo phragmitella*
Merkmale: Vfl. Männchen 11–15 mm, Weibchen 13–20 mm. Die Grundfarbe des Männchens variiert am Vorderflügel von hellbraun bis braunschwarz, während die des Weibchens mehr einfarbig ockerbraun bis graugelb gefärbt ist. Die Hinterflügel sind etwas heller. Die Palpen sind sehr lang.
Verbreitung: In Europa nordwärts, bis zu den Britischen Inseln und Mittelschweden.
Vorkommen und Lebensweise: Weit verbreitet und meist häufig in Lebensräumen mit Schilfbeständen. Die Falter fliegen von Juni bis August. Die Raupe lebt in den Stengeln von Schilf *(Phragmites)* und Schwaden *(Glyceria)*. Im Frühjahr findet man sie knapp über dem Wasserspiegel in den alten Stengeln des Vorjahres.

250. Maiszünsler, *Ostrinia nubilalis*
Merkmale: Vfl. 12–16 mm. Die Vorderflügel des Männchens sind überwiegend braungrau mit gelben Zeichnungen, einem blaßgelben Fleck im Mittelfeld und einem Band längs der gezähnten äußeren Querlinie. Beim Weibchen ist die dunklere Bestäubung schwächer, oft etwas orangefarben und die Zeichnungen treten deutlicher hervor.
Verbreitung: Fast über die ganze Erde wo Mais angebaut wird.
Vorkommen und Lebensweise: Eine wandernde Art, die bei uns in wechselnder Häufigkeit auftritt. Die Falter erscheinen meist von Juni bis Juli auf offenem Gelände. Die Raupen leben in den Stengeln verschiedener Pflanzen, überwintern und verpuppen sich im Frühjahr in der Wurzel. Sie sind in wärmeren Gebieten besonders an Hirse *(Panicum)*, Hanf *(Cannabis)* und Mais *(Zea)* schädlich geworden.

251. –, *Dioryctria abietella*
Merkmale: Vfl. 12–15 mm. Die Vorderflügel sind graubraun mit weißlicher Überstäubung. Die Querlinien sind gezähnt, hell und dunkel begrenzt. Die Nierenmakel ist weiß und von einem schwachen dunklen Schatten umgeben.
Verbreitung: Mittel- und Nordeuropa.
Vorkommen und Lebensweise: Die Art fliegt in Nadelwäldern von Juni bis August. Die Raupe lebt in Zapfen und jungen Trieben von Fichte *(Picea)* und Kiefer *(Pinus)*.

252. –, *Cynaeda dentalis*
Merkmale: Vfl. 10–13 mm. Die Vorderflügel sind gelblich weiß mit bräunlicher Bestäubung. Die innere Querlinie ist gebogen, dunkelbraun und erreicht den Vorderrand nicht. Die äußere Querlinie ist schmal, tief gezähnt und in der Mitte nach innen gezogen. Sie ist dunkelbraun und innen hell begrenzt. Nieren-

und Ringmakel sind braun. Das Saumfeld ist überwiegend bräunlich mit hellen Adern.
Verbreitung, Vorkommen und Lebensweise: Süd- und Mitteleuropa, nordwärts bis Südengland und Dänemark. Man findet die Falter von Juni bis Juli, besonders auf trockenen Böden. Die Raupe lebt an den Wurzelblättern von Natternkopf *(Echium),* wo sie blasenförmige Minen erzeugt.

253. –, *Catastia marginea*
Merkmale: Vfl. 9–11 mm. Die Vorderflügel sind dunkel grünschwarz, die Hinterflügel dunkelbraun mit goldfarbenen Fransen. Eine leicht zu erkennende Art.
Verbreitung, Vorkommen und Lebensweise: Die Art kommt sowohl in den Gebirgen Mitteleuropas als auch in Fennoskandien vor. Sie fliegt von Juni bis Juli. Die Raupe ist nicht bekannt.

254. –, *Hypsopygia costalis*
Merkmale: Vfl. 9–10 mm. Die Flügel sind graurot mit gelben Fransen. Am Vorderrand der Vorderflügel sieht man zwei helle Flecken.
Verbreitung, Vorkommen und Lebensweise: Süd- und Mitteleuropa, vereinzelt bis ins südliche Fennoskandien. Die Falter fliegen von Juli bis August und manchmal wieder im Oktober. Tagsüber verstecken sie sich gerne unter abgefallenen Blättern, aber auch in Scheunen und Heuhaufen. Die Raupe lebt an abgestorbenen Pflanzen, z. B. an Heu.

255. –, *Pyrausta nigrata*
Merkmale: Vfl. 6–8 mm. Die Grundfarbe ist braunschwarz. Beide Flügelpaare mit einer deutlichen weißen äußeren Querlinie, die auf den Vorderflügeln unter der Mitte nach innen gezogen ist. Im Wurzelfeld gibt es undeutlichere weiße Flecken.
Verbreitung: In ganz Europa weit verbreitet. Die Art fliegt von Mai bis Juni und von Juli bis August in zwei Generationen auf trockenem sonnigem Gelände. Die Raupe lebt in einem leichten Gespinst auf der Blattunterseite von Thymian *(Thymus),* Salbei *(Salvia),* Majoran *(Origanum)* und anderen.

256. Wassermotte, *Nymphula nymphaeata*
Merkmale: Vfl. 11–16 mm. Die Grundfarbe ist weiß mit mehr oder weniger gelbbrauner Einmischung. Die Querlinien des Vorderflügels sind doppelt, gelblichbraun bis dunkelgraubraun gefärbt. Auch die Hinterflügel sind deutlich gezeichnet.
Verbreitung: Weit über Europa verbreitet, einschließlich der Britischen Inseln und Fennoskandiens.
Vorkommen und Lebensweise: Die Art ist in der Nähe von stehenden Gewässern recht häufig. Die Falter fliegen von Juni bis August. Die Raupen leben überwinternd im Wasser an Wasserpflanzen wie Seerosen *(Nymphaea),* Laichkraut *(Potamogeton)* und anderen. Die Raupe miniert jung, später lebt sie in einem flachen Gehäuse, das aus zwei Blattstücken zusammengesetzt ist.

257. –, *Evergestis extimalis*
Merkmale: Vfl. 12–14 mm. Die Vorderflügel sind blaß ockergelb mit nur schwach angedeuteten Querlinien. Der äußere Teil des Saumfeldes ist braun, in der Mitte bis zur äußeren Querlinie hereingezogen. Die Hinterflügel sind gelblichweiß, am Saum bräunlich bestäubt.
Verbreitung, Vorkommen und Lebensweise: In Europa weit verbreitet, fehlt aber in Teilen der Britischen Insel und im nördlichen Fennoskandien. Die Falter fliegen von Mai bis Juli. Die Raupe lebt im Spätsommer an grünen Samenkapseln verschiedener kreuzblütiger Pflanzen, besonders an Senf *(Sinapis).* Mehrere Raupen verfertigen zusammen zwischen den Blütenständen ein Gespinst. Die Verpuppung erfolgt an der Erdoberfläche in einem Gespinst.

258. –, *Oncocera semirubella*
Merkmale: Vfl. 12–13 mm. Die Vorderflügel sind rosafarben, am Vorderrand manchmal hell, am Hinterrand mehr oder weniger gelblich. Die Hinterflügel sind grau mit rötlichem Schimmer.
Verbreitung, Vorkommen und Lebensweise: Lokal über fast ganz Europa, bis weit nach Norden. Die Falter erscheinen im Juli. Die Raupe lebt an Klee *(Trifolium)* und Hornklee *(Lotus),* besonders auf warmen kalkhaltigen Böden. Mehrere Raupen leben in einem gemeinsamen Gespinst.

259. –, *Palpita unionalis*
Merkmale: Vfl. 12–14 mm. Beide Flügel sind glänzend weiß und etwas durchscheinend. Der Vorderrand der Vorderflügel ist hellbraun.
Verbreitung, Vorkommen und Lebensweise: Die fast weltweit verbreitete Art ist in Europa nur im Süden zuhause, wandert aber gelegentlich nordwärts bis Dänemark. Die Falter erscheinen von Juni bis Oktober. Im Süden leben die Raupen an Jasmin *(Jasminum).*

260. Mehlmotte, *Ephestia kuehniella*
Merkmale: Vfl. 10–11 mm. Die Vorderflügel sind grau mit bräunlichem Schimmer. Die innere Querlinie verläuft schräg und ist grau, braunschwarz begrenzt und stark zackig. Die äußere Querlinie ist auf beiden Seiten dunkel begrenzt. Die Hinterflügel sind weißlich.
Verbreitung, Vorkommen und Lebensweise: Die Art ist ursprünglich im Mittelmeergebiet zuhause, hat sich aber heute fast über ganz Europa verbreitet. Im Norden lebt sie allerdings nur im Inneren von Gebäuden wie Mühlen, Bäckereien und Getreidelagern. Die Falter findet man dort fast das ganze Jahr über. Die Raupen leben besonders an Mehl, aber auch an verschiedenen anderen Getreideprodukten. Hier durchzieht die Raupe das Material mit Gespinströhren und verursacht schon dadurch erhebliche Schäden. Rohrleitungen und Siebe können durch diese Gespinste verstopft werden.

261. –, *Eurhodope advenella*
Merkmale: Vfl. 10–11 mm. Die Vorderflügel sind überwiegend rotbraun mit aschgrauer Beimischung im Mittelfeld. Im Wurzelfeld liegt ein breiter hell-

grauer Querstrich. Die Querlinien weißlich, die innere gebogen und am Innenrand am breitesten, die äußere wellig und fein gezähnt. Die Hinterflügel sind graubraun.
Verbreitung: In Europa weit verbreitet, bis Fennoskandien und die Britischen Inseln.
Vorkommen und Lebensweise: Die Falter sind von Juli bis August recht häufig an Hecken und Waldrändern. Die Raupe lebt in weißen Röhrengespinsten an Weißdorn *(Crataegus)* und anderen Bäumen. Die Raupe verzehrt besonders die Blüten. Die Verpuppung erfolgt im Boden.

262. Grasmotte, *Crambus pascuellus*
Merkmale: Vfl. 10–12 mm. Die Vorderflügel zeigen unter der Spitze einen deutlichen Einschnitt. Die Grundfarbe der Vorderflügel ist glänzend gelbgrau. Ein breiter glänzender Längsstreif verläuft von der Wurzel bis zur äußeren Querlinie. In der Flügelspitze liegt ein dreieckiger weißer Fleck. Die Hinterflügel sind grau, zum Innenrand hin weißlich. Die Art vertritt eine Gattung mit zahlreichen meist recht ähnlichen Arten.
Verbreitung: In Europa verbreitet, im Norden bis Fennoskandien.
Vorkommen und Lebensweise: An offenen etwas feuchten Stellen überall vorkommend. Die Falter erscheinen von Juni bis Juli und sitzen tags kopfabwärts an Grashalmen, wo man sie leicht aufscheuchen kann. Sie fliegen nachts. Die Raupe lebt in einer Gespinströhre zwischen Graswurzeln.

Familie Federmotten, *Pterophoridae*

Die kleine Familie ist charakterisiert durch den langen dünnen Körper und besonders durch die langen Beine und die schmalen Flügel, die meist durch Einschnitte in mehrere Lappen geteilt sind. Die Flügel sind an den Kanten mit langen Fransenschuppen besetzt und gleichen deshalb Federn. In Ruhestellung werden die Flügel zusammengefaltet und vom Körper winkelrecht abstehend getragen. Dabei werden die Hinterbeine rückwärts nach oben gehoben. Die meisten Arten fliegen in der Abenddämmerung. Die Raupen leben an oder in krautigen Pflanzen. Bei uns gibt es etwa 50 dieser Arten.

263. –, *Agdistis bennetii*
Merkmale: Vfl. 11–13 mm. Eine der wenigen Arten, deren Flügel nicht gespalten sind. Die Flügel sind bräunlich grau ohne Zeichnungen.
Verbreitung, Vorkommen und Lebensweise: Die Art ist besonders aus Nordwesteuropa bekannt und überall lokal und selten. Die Falter fliegen von Juli bis August. Die Raupe lebt an Widerstoß *(Statice limonium)*.

264. –, *Cnaemidophorus rhododactyla*
Merkmale: Vfl. 9–10 mm. Die Vorderflügel sind rötlichbraun mit weißlichen Einmischungen am Vorderrand und zwei weißen Querlinien. Die äußere Quer-

linie liegt knapp innerhalb des Flügeleinschnitts. Die Hinterflügel sind ebenfalls rotbraun.
Verbreitung: In Europa weit verbreitet, bis Fennoskandien und auf den Britischen Inseln.
Vorkommen und Lebensweise: Die Falter sind an Hecken und Waldrändern weit verbreitet und fliegen im Juli. Die Raupe lebt im Frühsommer in einem leichten Gespinst an Rosenknospen, wo auch die Verpuppung erfolgt.

265. –, *Platyptilia gonodactyla*
Merkmale: Vfl. 10–12 mm. Die Vorderflügel sind graubraun mit verstreuten weißen Schuppen. Am Vorderrand außerhalb der Mitte liegt ein dunkelbrauner dreieckiger Fleck, der außen von einer weißen Linie begrenzt wird. Nahe dem Saum liegt eine helle Linie, die über beide Flügellappen läuft. Die Fransen tragen zwei braunschwarze Flecken.
Verbreitung: Über große Teile Europas, weit nach Norden.
Vorkommen und Lebensweise: Eine häufige und weit verbreitete Art, die in zwei Generationen im Juni und von August bis September fliegt. Die Raupe lebt an Huflattich *(Tussilago)* und an Pestwurz *(Petasites).* Sie lebt zunächst als Minierer an den Blättern, später in den Stengeln und schließlich nach der Überwinterung in den Blütenköpfchen, wo sie sich auch verpuppt. Die Raupen der Sommergeneration leben an der Unterseite der Blätter ihrer Futterpflanzen.

266. –, *Oxyptilus pilosellae*
Merkmale: Vfl. 8–10 mm. Die Grundfarbe der Vorderflügel ist beim Männchen dunkel rotbraun, beim Weibchen heller, mit zwei weißlichen recht undeutlichen Querlinien. Die Hinterflügel sind dunkel graubraun mit schwarzen Schuppen am hintersten Lappen, die nicht die Spitze erreichen.
Verbreitung: In ganz Europa verbreitet.
Vorkommen und Lebensweise: Die Art ist häufig auf trockenen sonnigen Waldlichtungen- und Rändern. Die Falter fliegen von Juni bis August. Die Raupen leben auf der Unterseite der Blätter von Habichtskraut *(Hieracium).*

267. –, *Pterophorus pentadactyla*
Merkmale: Vfl. 14–15 mm. Die Flügel sind glänzend weiß mit einzelnen verstreuten schwarzen Schuppen.
Verbreitung: In Europa weit verbreitet.
Vorkommen und Lebensweise: Die Art tritt in vielerlei Lebensräumen, besonders solchen mit dichter Vegetation regelmäßig und häufig auf. Die Falter erscheinen von Juni bis Juli. Die Raupe überwintert an Winden *(Convolvulus).*

Familie Geistchen, *Alucitidae*

Die Arten dieser Familie unterscheiden sich vor allem dadurch, daß beide Flügel fast bis zur Wurzel in sechs gleiche Lappen gespalten sind. In Mitteleuropa gibt es ein gutes Dutzend Arten.

268. –, *Alucita hexadactyla*
Merkmale: Vfl. 7–9 mm. Die Grundfarbe beider Flügel ist bräunlichgrau mit helleren Querlinien, die auf den Lappen als Flecken erscheinen.
Verbreitung, Vorkommen und Lebensweise: In Europa weit verbreitet, nordwärts bis Dänemark. Die Falter fliegen an Plätzen mit der Futterpflanze der Raupe, dem Geißblatt *(Lonicera),* und erscheinen im August und nach der Überwinterung wieder bis Juni. Die Raupen leben an den Blüten der Futterpflanze.

Familie *Cochylidae*

Die Arten dieser Familie sind weiß, gelb oder rosa gefärbt und tragen elegante dunklere Zeichnungen. Es gibt 50 Arten in Mitteleuropa. Oft erscheinen sie in zwei Generationen von Mai bis Juni und wieder im August, einzelne auch nur im Juli. Viele Arten sind recht lokal verbreitet, besonders auf offenem Land. Die Raupen überwintern meist in den Stengeln krautiger Pflanzen. Die Falter fliegen recht häufig am späten Nachmittag.

269. –, *Cochylis nana*
Merkmale: Vfl. 5–6 mm. Die Grundfarbe ist gelblich weiß mit einem schwarzblauen nicht unterbrochenem Band auf der Mitte der Vorderflügel und einem entsprechend gefärbten Fleck auf zwei Dritteln des Vorderrands. Der Kopf ist gelblich weiß. Es gibt noch rund Dutzend ähnlicher Arten, von denen *nana* eine der kleinsten ist.
Verbreitung: In Mittel- und Nordeuropa bis England und Nordschweden.
Vorkommen und Lebensweise: Die Art lebt in Gebieten mit Birkenbewuchs und fliegt von Mai bis Juni. Die Raupe lebt im Frühjahr in den Kätzchen der Birke *(Betula).*

270. –, *Agapeta zoegana*
Merkmale: Vfl. 8–12 mm. Die Grundfarbe ist warm gelb mit einer braunen ovalen Zeichnung an der Flügelspitze und einem Fleck nahe am Innenrand. Die Hinterflügel sind ziemlich dunkel graubraun.
Verbreitung: Ganz Europa, nordwärts bis 60° nördl. Breite.
Vorkommen und Lebensweise: Die Art findet sich überall auf grasigem und offenem Gelände, meist ist sie nicht selten, gelegentlich sogar sehr häufig. Die Falter fliegen von Juni bis August. Die Raupe lebt im Winter an der Flockenblume *(Centaurea)* und an der Skabiose *(Scabiosa).*

271. –, *Aethes tesserana*
Merkmale: Vfl. 6–9 mm. Die Grundfarbe ist rotbraun und gelb in einem Schachbrettmuster. Die Zeichnungen sind von feinen silberglänzenden Linien begrenzt. Die Art ist leicht zu erkennen. Es gibt noch ein gutes Dutzend weiterer Arten dieser Gattung, von denen einige sehr schwer zu unterscheiden sind.

Verbreitung: In Europa weit verbreitet, nordwärts bis Südschweden und England.
Vorkommen und Lebensweise: Auf trockenen Hügeln ist die Art oft recht häufig und fliegt von Juni bis Juli. Die Raupe lebt überwinternd in den Wurzelstöcken von Bitterkraut *(Picris)*, Habichtskraut *(Hieracium)* und anderswo.

Familie Wickler, *Tortricidae*

Die Familie ist sehr artenreich und mit mehreren hundert Arten bei uns vertreten. Wickler erkennt man leicht an der charakteristischen Form der Vorderflügel, die trapezförmig sind und nahe der Wurzel deutlich verbreitet. Am Außenrand sind sie mehr oder weniger gerade und abgeschnitten. Viele Arten fliegen am Nachmittag. Wickler gibt es in den verschiedensten Lebensräumen. Die meisten Arten fliegen von Mai bis Juli. Die Raupen leben oft in zusammengerollten oder zusammengesponnenen Pflanzenteilen und die Familie hat davon ihren deutschen Namen erhalten.

272. –, *Archips podana*
Merkmale: Vfl. 9–13 mm. Die Grundfarbe ist hell bräunlich mit einem dunkleren Schatten im Mittelfeld. Die Hinterflügel sind zur Hälfte orangegelb, zur anderen Hälfte grau. Die Spitze der Vorderflügel ist deutlich vorgezogen.
Verbreitung: Die Art ist in Mittel- und Nordeuropa bis Lappland weit verbreitet.
Vorkommen und Lebensweise: Überall recht häufig. Von Juli bis August in Wäldern. Die Raupe lebt im Frühsommer an Laub- und Nadelbäumen.

273. –, *Olethreutes schulziana*
Merkmale: Vfl. 9–11 mm. Die Grundfarbe ist rostrot mit unregelmäßigen silberweißen Linien. Die Hinterflügel sind grau, beim Weibchen am dunkelsten. Es gibt noch fast zwei Dutzend ähnliche Arten, die schwer zu unterscheiden sind.
Verbreitung: Ganz Nord- und Mitteleuropa.
Vorkommen und Lebensweise: Auf Heiden und Mooren weit verbreitet und manchmal recht zahlreich. Die Falter fliegen von Juli bis August. Die Raupe lebt überwinternd an Moosbeere *(Oxycoccus)* und Heidekraut *(Calluna)*.

274. –, *Acleris variegana*
Merkmale: Vfl. 7–11 mm. Die Grundfarbe ist an der Wurzel weiß, am Innenrand ein großer dunkler dreieckiger Fleck mit einem schwarzen Schuppenbüschel. Bei einer häufig vorkommenden Form ist die innere Flügelhälfte weiß, die äußere schwarz. Mehr als ein Dutzend verwandter Arten kommen noch bei uns vor.
Verbreitung: In ganz Europa bis England und Fennoskandien.

Vorkommen und Lebensweise: Im Herbst ist die Art manchmal in Gärten und ähnlichen Stellen recht häufig. Die Raupe lebt an verschiedenen Laubbäumen, z. B. an Apfelbaum *(Malus)* und zwar von Mai bis Juli.

275. –, *Ptycholomoides aeriferanus*
Merkmale: Vfl. 8–9 mm. Die Grundfarbe ist bräunlich gelb mit drei dunkleren, breiten Querbändern über den Flügeln. Die Art ist leicht zu erkennen.
Verbreitung: In Südost- und Mitteleuropa, westwärts bis England und Schweden
Vorkommen und Lebensweise: Die Art bewohnt Lärchenwälder, wo die Falter im Juli fliegen. Die Raupe lebt an Lärche *(Larix).*

276. –, *Olindia schumacherana*
Merkmale: Vfl. 6–8 mm. Die Grundfarbe ist glänzend braunschwarz mit einem unruhigen Muster, über die Flügelmitte ein weißes Querband, dessen Breite beträchtlich variieren kann.
Verbreitung: Mittel- und Nordeuropa einschließlich England.
Vorkommen und Lebensweise: Die Art ist in dunklen Laubwäldern weit verbreitet. Sie ist meist nicht häufig, kann aber gelegentlich in größerer Anzahl auftreten. Die Falter erscheinen von Juni bis Juli. Im Frühsommer lebt die Raupe an Schattenpflanzen des Waldbodens.

277. –, *Cnephasia chrysantheana*
Merkmale: Vfl. 9–11 mm. Die Grundfarbe variiert in verschiedenen Grautönen. Der Falter hat drei dunklere Bänder am Vorderflügel. Es gibt noch ein knappes Dutzend weiterer Arten, die, wenn man die Geschlechtsorgane nicht untersucht, sehr schwer zu unterscheiden sind. Die Geschlechtsorgane sind bei den sonst sehr ähnlichen Arten recht verschieden.
Verbreitung: Kommt wahrscheinlich im ganzen paläarktischen Faunengebiet vor.
Vorkommen und Lebensweise: Von Juni bis August überall recht häufig und weit verbreitet. Die Raupe lebt an krautigen Pflanzen und kann an Kulturpflanzen schädlich werden.

278. –, *Pammene regiana*
Merkmale: Vfl. 6–7 mm. Die Grundfarbe ist dunkelbraun mit einem großen gelben Fleck am Innenrand. Dieser Fleck variiert etwas in seiner Form, ist aber meist eckig begrenzt und unterscheidet die Art von einer kleineren Verwandten: *trauniana.* Es gibt noch gut zwei Dutzend weiterer Arten bei uns.
Verbreitung: Europa, einschließlich England und Fennoskandien.
Vorkommen und Lebensweise: Die Art ist weit verbreitet aber meist recht einzeln und fliegt von Mai bis Juni. Häufiger findet man die Raupen im Spätsommer an den Früchten von Ahorn *(Acer),* wo sie auch in der Rinde überwintert.

279. Apfelwickler, *Laspeyresia pomonella*
Merkmale: Vfl. 8–11 mm. Die Grundfarbe ist aschgrau. An der Flügelspitze befindet sich ein kupferbrauner Fleck mit schwachen goldfarbenen Linien. Es

gibt aus dieser Gattungsgruppe noch eine Menge anderer Arten, die alle mit schwärzlichen Flügeln und silberglänzenden Bändern versehen sind.
Verbreitung: Ganz Europa.
Vorkommen und Lebensweise: Die Art ist in wechselnder Häufigkeit fast überall verbreitet. Öfter als den Falter findet man die Raupe als wohlbekannten »Wurm« in Äpfeln. Da jährlich viele Äpfel verloren gehen, die große Summen kosten, kann die Art als Schädling bezeichnet werden. Die Falter fliegen von Juni bis Juli. Raupe: s. Nr. 363.

Familie *Ethmiidae*

280. –, *Ethmia bipunctella*
Merkmale: Vfl. 9–15 mm. Die Grundfarbe des vorderen Teils der Vorderflügel ist schwarz, die des hinteren Teils weiß. Die Grenze dazwischen ist etwas unregelmäßig. Die Hinterflügel sind gelblich. Die Art ist leicht zu erkennen und vertritt eine recht große Familie.
Verbreitung: In Mitteleuropa häufig, nordwärts jedoch seltener und nur lokal.
Vorkommen und Lebensweise: Bei uns überall recht weit verbreitet und meist nicht selten, auf offenem Gelände in zwei Generationen von Mai bis August. Die Raupe lebt an Natternkopf *(Echium vulgare).*

Familie *Oecophoridae*

Die Familie umfaßt etwa hundert Arten, von denen die eine Hälfte einen sehr flachen Körperbau aufweist und braune, gelbe oder graue Farben mit schwachen Zeichnungen hat. Zur zweiten Hälfte gehören sehr farbenprächtige Schmetterlinge mit goldenen oder sonst metallisch glänzenden Zeichnungen. Die Arten dieser Familie fliegen fast zu allen Monaten des Jahres, am häufigsten aber von April bis Mai. Die Raupen leben an Flechten, abgestorbenen Pflanzen oder Doldenblütlern.

281. –, *Harpella forficella*
Merkmale: Vfl. 10–14 mm. Die Grundfarbe ist zimtbraun mit einem gelben Streifen am Innenrand. Hinter diesem Streifen ist die Farbe dunkler. Nahe dem Vorderrand liegt ein hellerer Fleck. Die Art ist schon durch die Größe leicht zu erkennen.
Verbreitung: Mitteleuropa und Fennoskandien.
Vorkommen und Lebensweise: Die Art ist weit verbreitet und man findet sie besonders in Wäldern mit modernden Bäumen. Die Falter fliegen im Juli. Die Raupe lebt unter der Rinde, in Pilzen und moderndem Holz. Sie überwintert.

282. –, *Hofmannophila pseudospretella*
Merkmale: Vfl. 9–13 mm. Die Grundfarbe ist schwärzlich braun mit vier schwarzen Flecken. Wenn die Art sitzt, wirkt sie wie flachgedrückt. Dadurch ist sie recht leicht zu erkennen.
Verbreitung: Ganz Europa.
Vorkommen und Lebensweise: Man findet die Falter recht häufig in der Nähe menschlicher Siedlungen und in Häusern, aber auch auf dem freien Lande. Die Raupe lebt an verschiedenen pflanzlichen Stoffen, u. a. in Vorratskammern, kann aber auch tierische Stoffe, wie Häute, Wolle und anderes angreifen. Auch Bucheinbände werden befallen. Früher, als unsere Wohnungen noch feuchter waren, war die Art ein häufiger und schwerer Schädling. Jetzt trifft man sie nur noch in feuchten Lagern und Kellern. Die Falter fliegen fast den ganzen Sommer. Im Freien leben die Tiere besonders gern in Vogelnestern.

283. –, *Agonopterix heracliana*
Merkmale: Vfl. 9–12 mm. Die Grundfarbe ist meist bräunlich, manchmal aber auch schwärzlich. Auf der Flügelmitte liegen drei längliche weiße Flecken. Die Fühler sind ziemlich lang. Dieses Merkmal unterscheidet sie von fast einem halben Hundert ähnlicher Arten unseres Gebietes.
Verbreitung: Über ganz Europa.
Vorkommen und Lebensweise: Die Art ist überall sehr häufig und fliegt von August bis zum Herbst und vom Frühjahr bis Juni in den verschiedensten Lebensräumen. Die Falter überwintern in Häusern, in Strohdächern, in Garagen und an ähnlichen Stellen und können im Frühjahr in der Dämmerung zahlreich an den Fenstern von Wohnhäusern erscheinen. Die Raupe lebt an doldenblütigen Pflanzen.

284. –, *Diurnia fagella*
Merkmale: Vfl. Männchen 12–15 mm, Weibchen 5–6 mm. Die Grundfarbe kann grauschwarz, grau oder gelbgrau bei beiden Geschlechtern sein. Die Flügel haben drei Gruppen schwarzer Flecken. Die Fransen sind schwarz und weiß gefleckt. Das Weibchen ist flugunfähig.
Verbreitung: Ganz Europa, nordwärts bis Mittelschweden.
Vorkommen und Lebensweise: Die Art ist besonders in Eichen- und Buchenwäldern häufig, wo die Falter im Frühjahr tagsüber an den Stämmen sitzen. Die Raupe lebt im Sommer an Laubbäumen wie Eiche *(Quercus)*, Buche *(Fagus)*, Birke *(Betula)* u. a.

285. –, *Endrosis sarcitrella*
Merkmale: Vfl. 8–10 mm. Die Grundfarbe ist hellgrau mit dunkleren Zeichnungen und Schatten. Zu erkennen an dem weißen Kopf und der weißen Brust.
Verbreitung: Ganz Europa, nordwärts bis Lappland.
Vorkommen und Lebensweise: Die Art ist allgemein verbreitet und kann oft in Häusern angetroffen werden. Besonders häufig ist sie in Hühnerställen und Taubenschlägen. Dort lebt die Raupe von Abfällen, aber auch an feuchtem Getreide und anderen pflanzlichen Stoffen. Sie überwintert.

Familie *Elachistidae*

Die Familie umfaßt bei uns mehr als 50 Arten. Sie sind alle sehr klein, meist sind sie einfarbig oder nur schwach gezeichnet und haben schwarze und weiße glänzende Linien. Arten mit letztgenannter Zeichnung können sehr hübsch aussehen. Die Falter findet man meist auf offenem Grasland. Die Raupen fast aller Arten leben an Gräsern.

286. –, *Elachista argentella*

Merkmale: Vfl. 6–7 mm. Die Grundfarbe ist weißgrau ohne besondere Zeichnung. Kopf und Brust sind von gleicher Farbe. Es gibt bei uns noch eine Anzahl ähnlicher Arten.

Verbreitung: Europa, nach Norden zu häufiger.

Vorkommen und Lebensweise: Die Falter erscheinen von Mai bis Juni auf Grasland, wo die Futterpflanze der Raupe, das Knäuelgras *(Dactylis)* und andere Gräser wachsen.

287. –, *Elachista albifrontella*

Merkmale: Vfl. 4–6 mm. Die Grundfarbe ist glänzend schwarz mit zwei weißen Querbändern, von denen das innere immer unterbrochen ist, das äußere dagegen nur manchmal. Der Kopf ist weißgelb. Es gibt noch viele andere ähnliche Arten.

Verbreitung: Ganz Europa.

Vorkommen und Lebensweise: Überall weit verbreitet und besonders auf offenen Waldwiesen häufig. Die Falter fliegen von Mai bis Juli. Die Raupe lebt überwinternd an Gräsern.

Familie Palpenmotten, *Gelechiidae*

Die Familie umfaßt mehrere tausend Arten, von denen bei uns weit über hundert vorkommen. Man erkennt sie an der Form der Hinterflügel, deren Spitze zu einem schmalen Zipfel ausgezogen ist. Außerdem sind die langen dünnen Palpen sichelförmig über den Kopf nach oben gebogen. Die Arten sind meist braun und sehr unscheinbar. Viele fliegen in der Dämmerung nur in der Nähe der Futterpflanzen.

288. –, *Aristotelia ericinella*

Merkmale: Vfl. 5–7 mm. Die Grundfarbe ist braunschwarz mit einer Reihe länglicher weißlicher Flecken quer über die Vorderflügel. Die Hinterflügel sind dunkel.

Verbreitung: Fast über ganz Europa bis England und Skandinavien verbreitet.

Vorkommen und Lebensweise: Die Art ist recht häufig an Plätzen, wo Heidekraut *(Calluna),* die Futterpflanze der Raupe wächst. Die Falter fliegen im Juni.

289. –, *Dichomeris marginella*
Merkmale: Vfl. 7–8 mm. Die Grundfarbe ist rostbraun mit zwei weißen Streifen. Sie laufen parallel längs des Vorder- und Innenrands über die ganze Länge des Flügels. Eine leicht zu erkennende Art.
Verbreitung: Fast über ganz Europa, nordwärts bis Südschweden.
Vorkommen und Lebensweise: Die Art findet sich in Gegenden mit Wacholderbewuchs und die Falter fliegen von Juli bis August. Die Raupe lebt im Frühsommer an Wacholder *(Juniperus).*

290. –, *Brachmia rufescens*
Merkmale: Vfl. 7–9 mm. Die Grundfarbe ist hell gelbbraun ohne besondere Zeichnung. Die Hinterflügel des Weibchens sind hell, die des Männchens grau. Es gibt noch einige ähnliche Arten, von denen *rufescens* durch seinen Farbton unterschieden werden kann.
Verbreitung: Nord- und Mitteleuropa.
Vorkommen und Lebensweise: Die Falter fliegen von Juni bis August, nicht selten auf Grasland. Die Raupe lebt überwinternd an verschiedenen Gräsern.

291. Kartoffelmotte, *Phthorimaea operculella*
Merkmale: Vfl. 7–8 mm. Die Grundfarbe ist braungrau mit vielen helleren und dunkleren Flecken. Es gibt bei uns zahlreiche Arten mit fast gleichem Aussehen.
Verbreitung, Vorkommen und Lebensweise: Süd- und Mitteleuropa, im Norden selten und wohl eingeschleppt. Die Falter fliegen im Juni. Die Raupe trifft man fast das ganze Jahr über. Sie ist mancherorts ein schwerer Schädling an Kartoffeln *(Solanum)* und anderen Nutzpflanzen.

292. –, *Syncopacma cinctella*
Merkmale: Vfl. 5–7 mm. Die Grundfarbe ist kohlschwarz und glänzend. Auf der Flügelmitte kann es ein ganz weißes Querband geben. Die Hinterflügel sind blauschwarz. Die Unterseite ist fast ganz einfarbig grauschwarz, ein Unterschied zu mehreren anderen ähnlichen Arten.
Verbreitung: Lokal über ganz Europa.
Vorkommen und Lebensweise: Auf offenen, oft trockenen Böden ist die Art lokal manchmal recht häufig. Die Falter fliegen von Juni bis Juli. Die Raupe lebt im Frühjahr an Hornklee *(Lotus).*

Familie *Stathmopodidae*

293. –, *Stathmopoda pedella*
Merkmale: Vfl. 6–7 mm. Die Grundfarbe ist glänzend gelb mit braunen Querbändern. In Ruhestellung werden die ebenfalls gestreiften Beine seitwärts ausgestreckt, was für die Art sehr charakteristisch ist.
Verbreitung: Ganz Nordeuropa, einschließlich England und Skandinavien.
Vorkommen und Lebensweise: Die Art ist bei Erlenbeständen oft recht häufig und weit verbreitet. Die Falter fliegen von Juni bis Juli.

Familie *Momphidae*

Die rund 50 Arten umfassende Familie enthält einige unserer prächtigsten Schmetterlinge. Sie besitzen alle goldene oder silberglänzende Zeichnung mit aufrecht stehenden Schuppen. Viele Arten sind selten oder wegen ihrer geringen Größe leicht zu übersehen. Die Falter fliegen besonders auf offenem Land und sind nicht sehr aktiv. Manche von ihnen überwintern.

294. –, *Mompha fulvescens*
Merkmale: Vfl. 6–7 mm. Die Grundfarbe ist gelblichbraun mit dunklen braunen Zeichnungen. Die Art ist sowohl in der Zeichnung als auch in der Grundfarbe sehr variabel. Die Hinterflügel sind grau. Die Art gehört zu einer Gruppe, in der alle Tiere Zeichnungen mit aufrecht stehenden Schuppen besitzen. Die anderen mehr als ein Dutzend Arten sind wesentlich farbenprächtiger.
Verbreitung: In ganz Europa.
Vorkommen und Lebensweise: Die Art ist fast allgegenwärtig und fliegt von September überwinternd wieder bis Juni. Im Winter versteckt sie sich in Scheunen, Garagen und an anderen ähnlichen Stellen. Die Raupe lebt an Weidenröschen *(Epilobium)*.

295. –, *Cosmopterix zieglerella*
Merkmale: Vfl. 4–6 mm. Die Grundfarbe ist braunschwarz mit einem breiten orangenen Band und drei schmaleren goldenen Bändern. Zwei von ihnen begrenzen das breite Band. Es gibt bei uns noch einige ähnliche Arten.
Verbreitung: Im nördlichen Mitteleuropa, Polen und Schweden.
Vorkommen und Lebensweise: Die Falter fliegen im Sommer, sind aber selten zu sehen. Dagegen findet man im Herbst oft die Raupen in den Blättern von Hopfen *(Humulus)* minierend.

296. –, *Chrysoclista linneella*
Merkmale: Vfl. 5–7 mm. Die Grundfarbe ist golden orange mit drei silberfarbenen Flecken. Flügelwurzel und Spitze sind schwarz.
Verbreitung: Über ganz Europa, im Norden nur in Schweden.
Vorkommen und Lebensweise: Man findet die Falter in Gegenden mit Lindenbewuchs. Von Juli bis August sitzen sie öfters zahlreich an Lindenstämmen. Die Raupe überwintert.

Familie Widderchen, Blutströpfchen, *Zygaenidae*

Die Familie ist scharf abgegrenzt und sehr charakteristisch. In tropischen und subtropischen Gebieten gibt es zahlreiche Arten, nach Norden zu aber werden es weniger. Bei uns zählt man etwa zwei Dutzend Arten. Die Falter sitzen am Tage gerne an Blüten, auf warmen sonnigen Böden, und sind recht träge. Sie sind alle ungenießbar und durch ihre leuchtenden Farben leicht erkennbar. Die Raupen (s. Nr. 364) sind ebenfalls leicht zu erkennen und man findet sie recht häufig.

297. Grünwidderchen, *Procris statices*
Merkmale: Vfl. 12–16 mm. Die Grundfarbe ist metallisch glänzend grün. Die Hinterflügel sind grau. Es gibt noch einige recht ähnliche Arten, die meist nicht leicht zu unterscheiden sind.
Verbreitung: Ganz Europa, nordwärts bis zum nördlichen Schweden.
Vorkommen und Lebensweise: Die Art ist weit verbreitet und auf feuchten Wiesen und Waldlichtungen oft zahlreich. Die Falter fliegen von Juni bis Juli. Die Raupe lebt überwinternd an Sauerampfer *(Rumex acetosella).*

298. Erdeichel-Widderchen, *Zygaena filipendulae*
Merkmale: Vfl. 14–20 mm. Die Grundfarbe ist glänzend schwarz mit sechs roten Flecken, die paarweise angeordnet sind und meist nicht zusammenfließen. Die Hinterflügel sind rot mit schwarzem Rand. Es gibt noch zahlreiche andere recht ähnliche Arten, die sich durch die Zahl der Flecken und deren Anordnung unterscheiden.
Verbreitung: Ganz Eruopa, nordwärts bis 61° nördl. Breite.
Vorkommen und Lebensweise: Die Art ist auf Wiesen und Brachland überall recht häufig und tritt wie alle Widderchen lokal auf. Die Falter von Juli bis August. Die Raupe lebt im Frühsommer an krautigen Pflanzen. Der gelbe Puppenkokon ist leicht erkennbar und an Grashalmen und Steinen befestigt.

299. Esparsetten-Widderchen, *Zygaena carniolica*
Merkmale: Vfl. 15–20 mm. Die Grundfarbe ist schwarz mit sechs roten Flekken. Der äußerste Fleck ist langgestreckt und verläuft längs des Saumes. Die Flecken sind gelb geringelt. Die Hinterflügel sind rot mit schwarzem Rand. Hinter dem Kopf liegen zwei gelbe Halskrausen, die die Art leicht kenntlich machen.
Verbreitung, Vorkommen und Lebensweise: Die Art kommt in Europa auf trockenen Wiesen nordwärts bis zur südlichen Ostseeküste vor. Sie ist lokal verbreitet und nicht selten im Juli zu finden. Die Raupe lebt im Frühjahr an krautigen Pflanzen.

300. –, *Zygaena lavendulae*
Merkmale: Vfl. 14–20 mm. Die Grundfarbe ist dunkel blauschwarz mit fünf kleinen roten Flecken. Die Hinterflügel sind schwarz mit drei roten Flecken. Im Verbreitungsgebiet dieser Art gibt es noch einige ähnliche Arten.
Verbreitung, Vorkommen und Lebensweise: Diese südeuropäische Art ist sehr lokal verbreitet, oft recht zahlreich. Sie fliegt von Juli bis August auf Wiesen. Die Raupe lebt im Frühsommer an niederen Pflanzen.

Familie Glasflügler, *Sesiidae*

In Europa ist die Familie mit einigen Dutzend Arten vertreten, die alle sehr charakteristisch sind, da ihre schmalen Flügel meistens Fenster enthalten, d. h. Flächen, denen die Schuppen fehlen. Die meisten Arten fliegen am Tage, sind aber selten zu sehen. Sie werden leicht mit Wespen und Fliegen verwechselt. Die Raupen leben bohrend in verschiedenen Pflanzen, auch in holzigen.

301. Hornissenschwärmer, *Sesia apiformis*

Merkmale: Vfl. 15–21 mm. Dieser unser größter Glasflügler hat gelbe Schulterdecken, die ihn von anderen ähnlichen Arten unterscheiden. Die Ähnlichkeit mit einer Hornisse ist auffallend.

Verbreitung: Ganz Europa, auf den Britischen Inseln und in Mittelschweden.

Vorkommen und Lebensweise: Die Art ist weit verbreitet und manchmal recht häufig. Man findet die Falter im Juli besonders morgens an Pappelstämmen sitzend. Die Raupe bohrt Gänge im Holz der Pappel *(Populus)* und braucht zwei Jahre zu ihrer Entwicklung. Die Verpuppung erfolgt im Mai und kurz darauf schlüpft der Falter.

302. Birken-Glasflügler, *Aegeria culiciformis*

Merkmale: Vfl. 12–17 mm. Die Flügel sind glasklar mit einem schwarzen Zellfleck und schwarzer Spitze an den Vorderflügeln. Am Hinterleib findet sich ein roter Ring.

Verbreitung: Im nördlichen Europa bis Lappland.

Vorkommen und Lebensweise: Die Falter finden sich in Erlen- und Birkenwäldern und besuchen am Tage gerne Blüten. Die Raupen leben in frisch geschnittenen Baumstümpfen und gefallenen Stämmen der Birke *(Betula)* und Erle *(Alnus)*. Sie überwintern und verpuppen sich im Mai.

303. Bremsenschwärmer, *Paranthrene tabaniformis*

Merkmale: Vfl. 12–16 mm. Die Vorderflügel sind gleichmäßig grauschwarz, die Hinterflügel durchsichtig. Am Hinterleib befinden sich vier gelbe Ringe. Eine der wenigen Arten mit undurchsichtigen Vorderflügeln.

Verbreitung: England, Deutschland und Nordschweden.

Vorkommen und Lebensweise: Die Falter fliegen im Juli in der Nähe alter Pappeln, besonders Zitterpappeln *(Populus tremula)*, in deren Holz die Raupe bohrt. Die Raupen leben aber in den Stämmen nicht höher als einen Meter über dem Boden. Sie brauchen zwei Jahre zu ihrer Entwicklung.

Familie Holzbohrer, *Cossidae*

Die Familie ist weltweit verbreitet und umfaßt meist recht große Arten, die aber fast alle sehr unscheinbar gezeichnet sind. Die Raupen leben im Holz, in Wurzeln und Stengeln verschiedener Pflanzen, wo sie lange

Gänge bohren und meist mehrere Jahre für ihre Entwicklung brauchen. Als Falter nehmen die Tiere keine Nahrung zu sich. In Europa gibt es nur wenige Arten.

304. Blausieb, *Zeuzera pyrina*
Merkmale: Vfl. 13–38 mm. Das Weibchen ist bedeutend größer als das Männchen. Die Grundfarbe ist weiß mit blauschwarzen Flecken, die auf den Vorder- und Hinterflügeln gleichmäßig verteilt sind. Auf dem Rücken sind sechs große schwarze Flecken zu sehen. Beim Männchen ist die innere Hälfte der Fühler stark gekämmt. Die Art ist leicht zu erkennen.
Verbreitung: Europa, Nordamerika und Afrika.
Vorkommen und Lebensweise: Die Art tritt zerstreut und meist selten in lichten Laubwäldern, Parks und Gärten auf. Die Raupe lebt in verschiedenen Laubbäumen, z. B. Obstbäumen, wo sie manchmal schädlich wird.

305. Weidenbohrer, *Cossus cossus*
Merkmale: Vfl. 33–44 mm. Das Weibchen ist größer als das Männchen. Die Grundfarbe ist weißlich mit erdfarbenen Schatten und vielen kleinen strichförmigen Zeichnungen. Die Art ist leicht zu erkennen.
Verbreitung: Ganz Europa, nordwärts bis Lappland.
Vorkommen und Lebensweise: Die Art ist weit verbreitet und meist nicht selten. Die Falter fliegen von Juni bis Juli. Raupe: s. Nr. 361.

Familie Wurzelbohrer, *Hepialidae*

Die Familie ist mit relativ wenigen Arten weltweit verbreitet. Die Falter erkennt man an den fast gleich großen Flügelpaaren und den sehr kurzen Fühlern. Die Raupen leben meist unterirdisch an und in Wurzeln und brauchen oft mehrere Jahre zur Entwicklung.

306. Heidekraut-Wurzelbohrer, *Hepialus hecta*
Merkmale: Vfl. 12–15 mm. Die Grundfarbe ist braun mit glänzend weißen Zeichnungen. Das Weibchen ist schwächer gezeichnet als das Männchen. *Hecta* ist die kleinste Art unter unseren Wurzelbohrern.
Verbreitung: Mittel- und Nordeuropa, nordwärts bis zum Eismeer.
Vorkommen und Lebensweise: Weit verbreitet und häufig in Waldnähe. Die Falter fliegen von Mai bis Juli am Abend. Dabei führen die Männchen pendelnde Tanzflüge auf und locken durch ihren Duft die Weibchen an. Die Raupen leben in der Erde an den Wurzeln von Farnen und krautigen Pflanzen.

307. Hopfen-Wurzelbohrer, *Hepialus humuli*
Merkmale: Vfl. 22–30 mm. Das Männchen ist ganz weiß, das Weibchen hellgelb mit orangenen Zeichnungen auf den Vorderflügeln. Die Hinterflügel sind hell bräunlich.

Verbreitung: Ganz Europa, nordwärts bis Lappland.
Vorkommen und Lebensweise: Die Art ist überall auf feuchten Wiesen recht häufig und die Männchen führen ihre Tänze oft in großen Schwärmen über der Vegetation auf. Die Falter erscheinen von Juni bis Juli. Raupe: s. Nr. 368.

Familie Gespinstmotten, *Yponomeutidae*

Die Familie umfaßt bei uns ungefähr hundert Arten. Die meisten von ihnen sind Waldtiere; viele sind blaßfarbig oder weiß. Sie erscheinen hauptsächlich im August.

308. Apfelgespinstmotte, *Yponomeuta malinellus*
Merkmale: Vfl. 9–11 mm. Die Grundfarbe der Vorderflügel ist weiß, am Vorderrand mit zahlreichen schwarzen Flecken, sonst vereinzelt. Die Hinterflügel sind grauschwarz. Die Fransen sind dort heller aber nicht weiß. Es gibt noch eine Anzahl recht ähnlicher Arten, die teilweise schwer zu unterscheiden sind. Einige von diesen haben graue Schatten an den Flügeln.
Verbreitung: In Mittel- und Nordeuropa, auf den Britischen Inseln und in Fennoskandien weit nach Norden.
Vorkommen und Lebensweise: Die Art ist besonders in Gärten und Obstanlagen weit verbreitet und meist recht häufig. Die Falter fliegen im Juli. Raupe: s. Nr. 365.

309. –, *Ypsolopha ustella*
Merkmale: Vfl. 9–10 mm. Die Grundfarbe ist sehr variabel, von schwarzbraun bis hell braungelb oder grünlich grau. Häufig gibt es eine schwarze Linie längs der Flügelmitte über die ganze Linie des Flügels. Es gibt aber auch Formen, wo statt dessen zwei schräge Linien den Flügel kreuzen. Daneben findet sich ein gutes Dutzend anderer Arten mit ähnlicher Flügelform, die aber leicht zu unterscheiden sind.
Verbreitung: Ganz Europa.
Vorkommen und Lebensweise: Die Art ist in Wäldern weit verbreitet. Sie ist nicht häufig und kann tagsüber leicht aufgejagt werden. Die Flugzeit der Falter ist von August mit Überwinterung bis Mai. Die Raupe lebt im Frühsommer an Eiche *(Quercus),* Buche *(Fagus),* Apfelbaum *(Malus)* und anderen Bäumen.

310. Kohlmotte, *Plutella xylostella*
Merkmale: Vfl. 6–8 mm. Die Grundfarbe variiert von grau bis braun mit einer helleren gewundenen Zeichnung am Innenrand. Diese Zeichnung sieht man am deutlichsten, wenn das Tier mit zusammengeklappten Flügeln sitzt. Es gibt noch andere Arten, die ähnlich sind aber größer und mit einer mehr nördlichen Verbreitung.
Verbreitung: Ganz Europa.
Vorkommen und Lebensweise: Die Art ist auf offenem Gelände weit verbreitet und fliegt den ganzen Sommer über in großer Zahl. Gelegentlich wandern die

Tiere auch in Schwärmen vom Süden her ein. Die Raupe lebt meist an Kulturpflanzen und kann bei zahlreichem Auftreten schädlich werden.

311. –, *Argyresthia goedartella*
Merkmale: Vfl. 5–6 mm. Die Grundfarbe ist golden glänzend und hat hellere Bänder. Die Anlage dieser Bänder kann variieren. Es gibt noch einige Dutzend weiterer Arten, die oft sehr schwer zu unterscheiden sind. Die abgebildete Art ist eine der am leichtesten erkennbaren.
Verbreitung: In Mittel- und Nordeuropa einschließlich England und Fennoskandien.
Vorkommen und Lebensweise: Man findet die Art in Wäldern mit Birken *(Betula)* und Erlen *(Alnus)* von Juli bis August weit verbreitet. Die Raupe lebt an diesen Bäumen und überwintert.

312. –, *Digitivalva assectella*
Merkmale: Vfl. 7–8 mm. Die Grundfarbe ist grauschwarz mit einem weißen Fleck am Innenrand. Die Hinterflügel sind hellgrau.
Verbreitung: Ganz Europa.
Vorkommen und Lebensweise: Die Art kommt einzeln und lokal vor und ist nicht selten. Sie fliegt fast den ganzen Sommer über. Die Raupe lebt an verschiedenen Laucharten und kann an Küchenpflanzen schädlich werden.

Familie *Ochsenheimeriidae*

313. –, *Ochsenheimeria vacculella*
Merkmale: Vfl. 5–7 mm. Die Grundfarbe ist dunkelbraun mit helleren Streifen. Der Körper wirkt unverhältnismäßig groß und der Kopf ist mit aufrecht stehenden Schuppen struppig behaart. Es gibt noch einige weitere Arten, die äußerlich schwer zu unterscheiden sind.
Verbreitung: In Mitteleuropa und einigen Gebieten Skandinaviens.
Vorkommen und Lebensweise: Die Falter fliegen im Juli und können manchmal zahlreich an Telegraphenmasten und Baumstämmen sitzend gefunden werden. Oft bilden sie dichte Schwärme über dem Boden. Die Raupe lebt im Frühjahr an Gräsern.

Familie Echte Motten, *Tineidae*

Zu dieser Familie zählen einige gefürchtete Schädlinge, die Wolle, Pelze und pflanzliche Stoffe angreifen. Bei uns gibt es rund 50 Arten. Die meisten sind grau oder gelb und einfarbig, es gibt aber auch stark gezeichnete Arten. Alle haben sie dicht behaarte, struppige Köpfe. Die Falter findet man den ganzen Sommer über; solche in Häusern auch das ganze Jahr über.

314. Kleidermotte, *Tineola bisselliella*
Merkmale: Vfl. 6–9 mm. Die Grundfarbe ist einfarbig graugelb. Die Hinterflügel sind etwas heller. Auf dem Kopf sitzen dicht stehende gelbliche Haare. Es gibt einige ähnliche Arten, die aber alle eine deutliche Zeichnung auf den Vorderflügeln aufweisen.
Verbreitung: Ganz Europa.
Vorkommen und Lebensweise: Die Art ist überall verbreitet und kommt das ganze Jahr über in Gebäuden vor. Sie ist jedoch in den letzten Jahrzehnten deutlich seltener geworden, wohl auf Grund der intensiven Bekämpfung. Die Raupe lebt an tierischen Substanzen, besonders an Wolle.

315. –, *Morophaga boleti*
Merkmale: Vfl. 9–15 mm. Die Grundfarbe ist hell grünbraun mit dunkelbraunen Zeichnungen. Die Hinterflügel sind hell- oder dunkelgrau. In Färbung und Zeichnung variiert die Art sehr stark. Sie ist kaum mit anderen zu verwechseln.
Verbreitung: Ganz Europa.
Vorkommen und Lebensweise: Die Falter fliegen von Juni bis August, besonders in Wäldern und erscheinen auch am Tage. Die Raupe lebt in Baumschwämmen und überwintert.

Familie Sackspinner, *Psychidae*

Die kleine Familie umfaßt in Europa knapp hundert Arten. Die Weibchen der meisten Arten sind flügellos und vielfach zu madenförmigen Gestalten umgewandelt. Die Raupen leben in Säcken, die aus zusammengesponnenen Teilen der Umgebung, wie Pflanzenresten, Sandkörnchen und ähnlichem gefertigt werden. Sie laufen sehr rasch umher indem sie Kopf und Vorderkörper aus dem Gehäuse hervorstrecken. Zur Verpuppung wird das Gehäuse an einem Baumstamm oder Stein angesponnen. Flügellose Weibchen verlassen das Gehäuse meist nicht und werden deshalb von den Männchen aufgesucht, die dort die Paarung durchführen. Das Weibchen legt die Eier in das Gehäuse und stirbt kurz danach.

316. –, *Acanthopsyche atra*
Merkmale: Vfl. 8–10 mm. Die Grundfarbe des Männchens ist grauschwarz, ohne Zeichen. Die Fühler sind gefiedert. Das madenähnliche Weibchen ist 10–14 mm lang, gelblich weiß und verläßt das Haus nicht. Es gibt eine Reihe ähnlicher Arten, die man an Bau und Größe des Gehäuses unterscheiden kann.
Verbreitung: Über große Teile Europas, nordwärts bis Lappland.
Vorkommen und Lebensweise: Die Art kommt in lichten Wäldern vor, wo die Männchen von Juni bis Juli, meist nachmittags im Sonnenschein auf der Suche

nach den Weibchen fliegen. Der Raupensack ist aus Grashalmen und dergleichen zusammengesetzt. Die Raupe lebt überwinternd an vielerlei Pflanzen, besonders an Heidepflanzen.

317. –, *Taleporia tubulosa*
Merkmale: Vfl. 8–9 mm. Die Grundfarbe ist braungrau mit vielen hellen Flekken, die gleichmäßig über die Flügel verteilt sind. Der Kopf ist gelb behaart. Das flügellose Weibchen ist 4–5 mm lang und hat ein sehr charakteristisches Legerohr am Hinterleibsende. Nach dem Schlüpfen sitzt es an der unteren Öffnung des Gehäuses.
Verbreitung: Ganz Europa, nordwärts bis Mittelschweden.
Vorkommen und Lebensweise: Die Art ist in Wäldern weit verbreitet und meist nicht selten. Die Falter fliegen von Juni bis Juli und ihre Gehäuse findet man besonders an alten Buchenstämmen.

Familie Asselspinner, *Limacodidae*

Die weltweit verbreitete Familie ist bei uns mit nur wenigen Arten vertreten. Sie ist vor allem durch die eigenartige Form der Raupen charakterisiert, die asselförmig gewölbt sind und keine richtigen Beine aufweisen, sondern eine Art Querwülste mit Saugnäpfen haben. Sie sind nackt oder bei tropischen Arten auch mit verzweigten Dornen versehen, die empfindliche Wunden verursachen können.

318. Rotbraune Schildmotte, *Apoda avellana*
Merkmale: Vfl. 10–14 mm. Die Grundfarbe ist rostbraun mit einem dunkleren Band über den Flügeln. Das Weibchen ist größer und heller. Die Hinterflügel sind dunkelbraun. Eine leicht erkennbare Art.
Verbreitung: Süd- und Mitteleuropa, nordwärts bis Mittelschweden.
Vorkommen und Lebensweise: Die Art findet sich in Laubwäldern und an Waldrändern. Sie ist weit verbreitet, aber nicht häufig. Die Falter fliegen von Juni bis Juli, manchmal am Tage. Die Raupe lebt später an Eiche *(Quercus)*.

Familie Langhornmotten, Miniersackmotten, *Incurvariidae*

Die Arten dieser Gruppe sind überwiegend gelb und metallisch glänzend, oder weiß mit goldglänzenden Querlinien. Bei den meisten der gegen 50 Arten haben die Männchen außerordentlich lange Fühler in mehrfacher Länge der Vorderflügel. Die meisten fliegen im Frühsommer.

319. –, *Nemophora degeerella*
Merkmale: Vfl. 7–11 mm. Die Grundfarbe ist braun mit einem breiten gelben Querband außerhalb der Flügelmitte und einigen feinen gelben Bändern in den

Zwischenräumen der Adern. Die Fühler sind bei beiden Geschlechtern sehr lang, am längsten beim Männchen. Beim Weibchen findet sich eine Verdickung an der Fühlerbasis.
Verbreitung: Ganz Europa.
Vorkommen und Lebensweise: Weit verbreitet und nicht selten in dunklen Wäldern, wo die Falter oft in kleinen Schwärmen Tanzflüge aufführen. Sie erscheinen von Juni bis August. Die Raupen leben überwinternd an abgefallenen Blättern von Laubbäumen.

320. –, *Nemophora swammerdamella*
Merkmale: Vfl. 9–11 mm. Die Grundfarbe ist hell braungelb, die Hinterflügel graugelb. In der Grundfarbe gibt es keine deutliche Zeichnung, aber ein schwaches Netz. Es leben noch einige ähnliche Arten, die gelb oder grau sind, diese Art aber ist die größte der gelben Arten.
Verbreitung: Ganz Europa.
Vorkommen und Lebensweise: Die Art ist überall in Laubwäldern recht häufig und fliegt von Mai bis Juni. Die Raupe lebt überwinternd an verschiedenen Laubbäumen.

321. –, *Lampronia capitella*
Merkmale: Vfl. 7–8 mm. Die Grundfarbe ist warm braun mit zwei breiten gelben Querbändern. Das Äußere ist in der Regel in der Mitte unterbrochen, das Innere erreicht den Vorderrand nicht. Der Kopf ist gelb gefärbt. Es gibt in Europa noch viele ähnliche Arten.
Verbreitung: In Nord- und Mitteleuropa, einschließlich England.
Vorkommen und Lebensweise: Man findet die Art meist in Gärten und auf Mooren, aber nie häufig. Die Falter fliegen von Mai bis Juni. Die Raupen leben überwinternd u. a. an Johannisbeeren *(Ribes).*

Familie Sackmotten, *Coleophoridae*

Bei uns gibt es rund 200 dieser kleinen unscheinbaren Arten. Sie sind meist einfarbig oder besitzen Strichzeichnungen. Die Flügel sind sehr langgestreckt und schmal und tragen lange Fransen. Meist erscheinen die Falter von Juni bis Juli. Die Raupen leben überwinternd in röhrenförmigen Gehäusen.

322. –, *Coleophora deauratella*
Merkmale: Vfl. 6–7 mm. Die Grundfarbe ist metallisch glänzend und grün, an der Flügelspitze rötlich.
Verbreitung: In Nord- und Mitteleuropa, einschließlich England.
Vorkommen und Lebensweise: Die Falter fliegen auf feuchten Wiesen, die mit Klee bestanden sind und sind dort nicht selten zu finden. Sie erscheinen von Juni bis Juli. Die Raupe lebt im Spätsommer an Klee *(Trifolium).*

323. –, *Coleophora laricella*
Merkmale: Vfl. 4–5 mm. Die Grundfarbe ist dunkel graugelb, fast einfarbig. Die Hinterflügel sind grau. Es gibt zahlreiche ähnliche Arten.
Verbreitung: Im nördlichen Europa, einschließlich England und Fennoskandien.
Vorkommen und Lebensweise: Die Art ist überall wo Lärchen wachsen zu finden. Dafür genügen oft nur einzelne Bäume. Die Falter fliegen von Juni bis Juli und können gegelgentlich schädlich werden. Die Raupen leben in einem Gehäuse an Lärche *(Larix)* und überwintern.

Familie *Glyphipterigidae*

324. –, *Anthophila fabriciana*
Merkmale: Vfl. 6–8 mm. Die Grundfarbe ist dunkelbraun mit zwei helleren Linien, die unregelmäßig quer über den Flügel verlaufen. Die Hinterflügel sind grau mit einer feinen weißen Wellenlinie, die vom Innenrand halbwegs zur Flügelmitte reicht. Die Fransen sind schwarz gefleckt. Die eckige Flügelform ist sehr charakteristisch.
Verbreitung: Ganz Europa, weit nach Norden.
Vorkommen und Lebensweise: Die Art ist überall, wo Brennesseln wachsen, verbreitet und häufig. Die Falter fliegen von April bis Juli in zwei Generationen. Die Raupe lebt an Brennesseln *(Urtica dioica).*

325. –, *Glyphipterix simpliciella*
Merkmale: Vfl. 3–4 mm. Die Grundfarbe ist glänzend braunschwarz mit feinen weißen Zeichnungen, die zum Teil fehlen können. Es gibt eine Anzahl ähnlicher Arten, von denen *simpliciella* die kleinste ist.
Verbreitung: Ganz Europa bis England und Fennoskandien.
Vorkommen und Lebensweise: Die Art ist weit verbreitet und recht häufig und die Falter sitzen gerne zu mehreren in gelben Blüten. Sie fliegen im Juni. Die Raupe lebt später im Sommer an Knäuelgras *(Dactylis).*

Familie *Douglasiidae*

326. –, *Douglasia ocnerostomella*
Merkmale: Vfl. 4–5 mm. Die Grundfarbe ist grau, fast zeichnungslos. Eine ähnliche Art hat ein Querband von hellerer Farbe.
Verbreitung: Die Art ist verstreut über ganz Europa bis England und Teilen Fennoskandiens.
Vorkommen und Lebensweise: Man findet die Falter an Wegen, Eisenbahndämmen, Kiesgruben und anderen Orten, wo Ochsenzunge *(Anchusa)* wächst. Die Flugzeit liegt im Juni. Die Raupe lebt in den Stengeln der genannten Pflanze.

Familie *Phyllocnistidae*

327. –, *Phyllocnistis unipunctella*
Merkmale: Vfl. 3–4 mm. Die Grundfarbe ist weiß mit silberglänzendem Muster an der Flügelspitze. In der Spitze selbst liegt ein schwarzer Punkt. Die Hinterflügel sind weißgrau. Es kommen einige ähnliche Arten vor.
Verbreitung: Wahrscheinlich über ganz Europa, sicher in Mitteleuropa, England und Fennoskandien.
Vorkommen und Lebensweise: Die Art ist weit verbreitet und häufig an Stellen, wo Pappeln *(Populus)* häufig vorkommen. Die Falter fliegen in zwei Generationen von denen eine überwintert, während die andere im Juli erscheint. Die Raupe lebt an Pappeln.

Familie *Gracillariidae*

Rund hundert Arten dieser Familie kommen bei uns vor, die meisten sind klein, gelb oder braun, mit stark gezeichneten Flügeln. Tagsüber sitzen sie gerne an Baumstämmen. Ihre Flugzeit liegt in der Dämmerung. Die Falter findet man am häufigsten im Frühjahr. Die Raupen leben als Blattminierer an verschiedenen Bäumen.

328. –, *Caloptilia alchimiella*
Merkmale: Vfl. 6–7 mm. Die Grundfarbe ist warm rot mit einem goldenen Dreieck auf der Flügelmitte. Am Vorderrand, gegen die Flügelspitze zu, ist dieser dreieckige Fleck ausgezogen. Das ist der Unterschied zu einer sehr ähnlichen Art. Außerdem gibt es noch ein gutes Dutzend weiterer Arten dieser Gattung.
Verbreitung: Die Art ist in Europa verbreitet.
Vorkommen und Lebensweise: Kommt überall in Eichenwäldern vor und fliegt tagsüber von Mai bis September in zwei sich überschneidenden Generationen. Die Raupe lebt im Herbst an Eiche *(Quercus)*.

329. –, *Phyllonorycter maestingella*
Merkmale: Vfl. 3–5 mm. Die Grundfarbe ist olivgrün mit einer weißen Linie von der Wurzel bis zur Flügelmitte, die äußere Flügelhälfte trägt drei weiße Bänder, von denen die beiden ersten in der Mitte unterbrochen sind. An der Flügelspitze verläuft ein schwarzer Strich längs durch ein weißes Feld. Es gibt noch gut zwanzig Arten dieser Gattung.
Verbreitung: Mitteleuropa, England und Teile Skandinaviens.
Vorkommen und Lebensweise: Dieser Schmetterling ist einer der häufigsten der bei uns vorkommt. Er findet sich überall, wo Buchen wachsen, und fliegt in zwei Generationen im Mai und im August. Die Falter sitzen tags an den Baumstämmen und schwärmen in der Dämmerung. Die Raupe lebt minierend in Buchenblättern *(Fagus)* und überwintert.

Familie *Lyonetiidae*

330. –, *Lyonetia clerkella*
Merkmale: Vfl. 4–5 mm. Die Grundfarbe ist einfarbig gelbgrau an den inneren zwei Dritteln des Flügels, rötlich mit schwachen Zeichnungen im äußeren Drittel. Es gibt bei uns noch mehrere ähnliche Arten.
Verbreitung: Im ganzen nördlichen Europa bis England und Fennoskandien.
Vorkommen und Lebensweise: Die Art ist überall nicht selten und fliegt von August mit Überwinterung bis Mai in Laubwäldern, besonders in Birkenwäldern. Die Raupe lebt an Birke *(Betula)* und anderen Laubbäumen.

Familie Zwergmotten, *Nepticulidae*

Die Zwergmotten sind, wie schon der Name sagt, die kleinsten Schmetterlinge. Fast alle von ihnen haben eine Flügellänge von wenigen Millimetern. Es gibt gut hundert Arten bei uns, die fast alle dunkel gefärbt sind und weiße Querlinien aufweisen. Die Falter findet man im Sommer.

331. –, *Nepticula tityrella*
Merkmale: Vfl. 2–3 mm. Die Grundfarbe ist schwarz mit einem gelblichen Band quer über die Flügelmitte. Es gibt noch zahlreiche ähnliche Arten.
Verbreitung: Mit der Futterpflanze fast über ganz Europa verbreitet.
Vorkommen und Lebensweise: Überall in Buchenwäldern recht häufig, aber wegen der geringen Größe oft übersehen. Die Falter findet man im Mai und von Juli bis August an Baumstämmen sitzend. Die Raupe miniert im Spätsommer.

Familie *Tischeriidae*

332. –, *Tischeria ekebladella*
Merkmale: Vfl. 4–5 mm. Die Grundfarbe ist zeichnungslos graugelb. Die Hinterflügel sind grau. Es gibt bei uns viele andere Arten, die leicht mit dieser verwechselt werden können.
Verbreitung: Europa.
Vorkommen und Lebensweise: In Eichenwäldern ist die Art von Juni bis Juli überall verbreitet und recht häufig. Die Raupe lebt im Spätsommer minierend in Eichenblättern *(Quercus)*.

Familie *Scythrididae*

333. –, *Scythris picaepennis*
Merkmale: Vfl. 5–7 mm. Die Grundfarbe beider Flügelpaare ist schwarz und zeichnungslos. Es gibt noch zahlreiche sehr ähnliche Arten, die man ohne anatomische Untersuchung mit Sicherheit nicht unterscheiden kann.

Verbreitung: In Europa weit verbreitet bis England und Skandinavien.
Vorkommen und Lebensweise: Die Art ist weit verbreitet, aber meist einzeln. Alle Arten der Familie sieht man recht selten, da die Falter ziemlich flugträge sind. Sie fliegen von Juni bis Juli. Die Raupe lebt im Mai an Hornklee *(Lotus),* Thymian *(Thymus)* und anderen Pflanzen.

Familie *Epermeniidae*

334. –, *Epermenia illigerella*
Merkmale: Vfl. 7–8 mm. Die Grundfarbe ist golden braun mit hellen und dunklen Abschnitten. Charakteristisch ist ein dunkler Schatten am Innenrand, der dem Flügel eine eigenartige Erscheinung verleiht. Es gibt noch eine weitere Art mit dieser Zeichnung, die aber dunkler und einfarbig ist.
Verbreitung: Ganz Europa bis England und Fennoskandien.
Vorkommen und Lebensweise: Die Art ist überall häufig und weit verbreitet, aber recht selten zu sehen. Die Falter fliegen im Juli in Wäldern. Die Raupen können manchmal recht häufig an Geißfuß *(Aegopodium)* auftreten.

Familie Trugmotten, *Eriocraniidae*

335. –, *Eriocrania unimaculella*
Merkmale: Vfl. 5–6 mm. Die Grundfarbe ist glänzend rotbraun mit einem kleinen hellen Fleck am Innenrand. Die Hinterflügel sind grau. Das ganze Tier ist wie sechs ähnliche Arten dünn beschuppt.
Verbreitung: Europa bis England und Fennoskandien.
Vorkommen und Lebensweise: Die Art ist in Birkenwäldern weit verbreitet und erscheint von den verwandten Arten am frühesten, schon von März bis Mai. Die Raupe lebt an Birken *(Betula).*

Familie Urmotten, *Micropterigidae*

336. –, *Micropterix calthella*
Merkmale: Vfl. 4–5 mm. Die Grundfarbe ist glänzend und einfarbig braunschwarz. Die Hinterflügel sind grau. Es gibt noch einige ähnliche Arten bei uns.
Verbreitung: Ganz Europa.
Vorkommen und Lebensweise: Auf feuchten Wiesen ist die Art oft recht häufig und man findet die Falter gerne in den Blüten von Dotterblumen, wo sie Blütenpollen fressen. Sie sind die einzigen Schmetterlinge, die keinen Saugrüssel besitzen, sondern kauende Mundwerkzeuge. Die Raupe lebt wahrscheinlich an Moos.

Raupen der Nachtfalter

337. Totenkopf, *Acherontia atropos*
L. bis zu 90 mm. Zu erkennen an dem S-förmig gebogenen Horn am Körperende. Die Raupe lebt bei uns besonders an Kartoffeln, wo sie große Fraßspuren und große grüne Exkremente hinterläßt. Im Herbst findet man in der Erde dieser Felder die charakteristische Puppe, die 7–8 cm lang ist. Falter: s. Nr. 3.

338. Ligusterschwärmer, *Sphinx ligustri*
L. bis zu 80 mm. Die große charakteristische Raupe erweckt oft Aufsehen, da sie häufig in Gärten auftritt, wo sie an Liguster *(Ligustrum),* Flieder *(Syringa),* Esche *(Fraxinus),* Schneebeere *(Symphoricarpus)* und anderen Pflanzen lebt. Im Sommer frißt sie mit riesigem Appetit die Blätter dieser Büsche. Sie verpuppt sich tief in der Erde. Die Puppe überwintert. Falter: s. Nr. 5.

339. Labkrautschwärmer, *Hyles gallii*
L. bis zu 80 mm. Die Raupe variiert sehr in ihrem Aussehen. Sie tritt lokal manchmal in großer Zahl an Weidenröschen *(Chamaenerium)*, an trockenen Waldlichtungen, an Labkraut *(Galium)* und an Feldrainen auf. Man findet sie von Juli bis September. Die Puppe überwintert. Falter: s. Nr. 9.

340. Abendpfauenauge, *Smerinthus ocellata*
L. bis zu 80 mm. Die Raupe ähnelt der des Pappelschwärmers, die Schrägstreifen an der Körperseite sind jedoch weiß und das Horn am Hinterleib ist blaugrün. Sie lebt im Sommer an Weiden *(Salix),* in Gärten auch an Apfelbäumen *(Malus),* manchmal auch an Pappeln *(Populus)* und Schlehen *(Prunus).* Falter: s. Nr. 2.

341. Großer Gabelschwanz, *Cerura vinula*
L. bis zu 70 mm. Diese Raupe ist so charakteristisch, daß sie dem Schmetterling den Namen gegeben hat. Sie lebt im Sommer an Weiden *(Salix)* und Pappeln *(Populus).* Bei Berührung nimmt sie eine Schreckstellung ein. Dabei werden lange rote Fäden aus den Gabelenden hervorgeschoben und der Kopf gleichzeitig in die Brust eingezogen. Unter dem Kopf befindet sich eine Drüse, aus der dem vermeintlichen Angreifer eine ameisensäurehaltige Flüssigkeit entgegengespritzt wird. Zur Verpuppung baut sie aus Rindenteilen einen sehr harten Kokon in einer Rindenspalte. Darin überwintert die Puppe. Falter: s. Nr. 14.

342. Buchenspinner, *Stauropus fagi*
L. bis zu 60 mm. Die junge Raupe erinnert an eine Ameise. Die erwachsene Raupe hat ein ganz absonderliches Aussehen, das sonst bei keinem anderen Schmetterling vorkommt. Bei Störungen biegt sie Kopf und Hinterleib nach oben, so daß sie sich über dem Rücken berühren und mit dem übrigen Körper ein Dreieck bilden. Die langen Vorderbeine werden nach vorne weggestreckt, überkreuzen sich und vibrieren. Sie lebt nicht ausschließlich an Buche *(Fagus),*

sondern auch an anderen Laubbäumen. Man findet sie im Spätsommer. Zur Verpuppung spinnt sie sich zwischen abgefallenen Blättern ein und die Puppe überwintert. Falter: s. Nr. 27.

343. Rotschwanz, *Dasychira pudibunda*
L. bis zu 45 mm. Die Grundfarbe der Raupe kann von gelb über grün bis braun und schwarz variieren. Auch die Farbe der Rückenpinsel kann wechseln. Sie kommt im Spätsommer auf verschiedenen Laubbäumen vor, besonders aber an Buche *(Fagus).* Manchmal ist sie bei Massenvermehrungen an diesen Bäumen schädlich. Falter: s. Nr. 31.

344. Schlehenspinner, *Orgyia antiqua*
L. bis zu 16 mm. Diese charakteristische Raupe schlüpft im Frühjahr aus überwinternden Eiern. Sie lebt an Rosen, Weißdorn *(Crataegus)* und anderen Laubbäumen, Büschen und krautigen Pflanzen. Falter: s. Nr. 33.

345. Brauner Bär, *Arctia caja*
L. bis zu 60 mm. Die junge Raupe überwintert. Sie hat gelbe Längslinien, während die erwachsene Raupe schwarz ist, mit weißen Warzen und rostroten Haaren vorne und an den Seiten, und schwarzen Haaren am übrigen Körper. Sie lebt im Frühjahr an verschiedenen Pflanzen. Zur Verpuppung fertigt sie ein großes Gespinst, in das auch die langen Haare eingearbeitet werden. Falter: s. Nr. 56.

346. Kleines Nachtpfauenauge, *Saturnia pavonia*
L. bis 60 mm. Die Farbe variiert etwas, ist aber in der Regel grün. Auf jedem Segment gibt es eine Querreihe von Warzen mit steifen Borsten. Die Raupe lebt an verschiedenen Pflanzen, u. a. an Heidekraut *(Calluna).* Sie ist im August erwachsen. Zur Verpuppung spinnt sie einen birnenförmigen Kokon. Die Puppe überwintert in diesem Kokon, der nahe am Boden befestigt wird. Falter: s. Nr. 74.

347. Eichenspinner, *Lasiocampa quercus*
L. bis zu 80 mm. Die Grundfarbe der Raupe variiert von gelb bis braun, die grünlichgelben Haare ergeben ein gutes Erkennungsmerkmal gegenüber anderen Arten. Sie lebt an Kräutern und holzigen Pflanzen, bei uns nur ganz selten an Eichen. Die junge Raupe überwintert und ist im Frühjahr des folgenden Jahres erwachsen. Gelegentlich kann auch die Puppe überwintern. Falter: s. Nr. 78.

348. Hausmutter, *Noctua pronuba*
L. bis zu 55 mm. Die Grundfarbe ist in der Regel bräunlich, seltener grünlich, mit helleren unterbrochenen Rückenlinien und einem breiten schwarzen Längsstreifen unter einer rötlichen Fußlinie. Die Raupe lebt an krautigen Pflanzen und ernährt sich auch von abgefallenem Obst. Sie überwintert in verschiedenem Alter. Die Verpuppung erfolgt im Frühjahr. Falter: s. Nr. 97.

349. Heidekraut-Bunteule, *Anarta myrtilli*
L. bis zu 30 mm. Lebt vor allem an Heidekraut *(Calluna),* kann aber auch an anderen Pflanzen gefunden werden. Die Raupen der ersten Generation findet man im Juli, die der zweiten vom September an. Falter: s. Nr. 106.

350. Graseule, *Cerapteryx graminis*
L. bis zu 30 mm. Die Grundfarbe ist glänzend braun mit gelblichen Linien. Die Raupe lebt an Wurzeln von Gräsern und kann in nördlichen Gebieten in manchen Jahren so zahlreich sein, daß sie schädlich wird. In Schweden z. B. ist sie ein regelmäßiger Schädling. Sie überwintert. Falter: s. Nr. 110.

351. Silbermönch, *Cucullia argentea*
L. bis zu 30 mm. Sie lebt an Beifuß *(Artemisia campestris),* besonders im September. Eine andere ähnliche Art lebt an Wertmuth *(Artemisia absinthium).* Falter: s. Nr. 137.

352. Blaukopf, *Diloba coeruleocephala*
L. bis zu 40 mm. Gelblich mit breitem blauen Seitenstreifen und blauem Kopf. Lebt von Mai bis Juni an Obstbäumen, Weißdorn *(Crataegus),* Schlehen *(Prunus)* und anderen Bäumen. Kann gelegentlich als Schädling auftreten. Falter: s. Nr. 155.

353. Pfeileule, *Acronicta psi*
L. bis zu 40 mm. Die Raupe ist im Spätsommer an Obstbäumen und zahlreichen Laubbäumen recht häufig. Falter: s. Nr. 156.

354. Gammaeule, *Autographa gamma*
L. bis zu 40 mm. Obwohl der Falter oft in großer Anzahl auftritt, hat die Raupe bei uns selten größere Schäden verursacht. Erst weiter im Süden tritt sie noch häufiger auf. Die Raupe ist kein Kostverächter, sondern frißt fast alle krautigen Pflanzen: Falter: s. Nr. 165.

355. Rotes Ordensband, *Catocala nupta*
L. bis zu 60 mm. Die Raupe lebt bis Juni an Weiden *(Salix)* und Pappeln *(Populus)* und ist durch ihre Farbe und eigenartige Körpergestalt nur schwer zu erkennen. Falter: s. Nr. 173.

356. Grüner Birkenspanner, *Geometra papilionaria*
L. bis zu 32 mm. Die junge Raupe ist braun und wird erst später grün. Sie ist leicht an ihrer Form zu erkennen. Sie überwintert klein und frißt im folgenden Frühjahr zunächst Knospen und Kätzchen der Birke *(Betula),* bis sie im Juni erwachsen ist. Falter: s. Nr. 181.

357. Kleiner Frostspanner, *Operophtera brumata*
L. bis zu 20 mm. Die Eier, die überwintern, entlassen im Mai die jungen Raupen, die sich in die frischen Triebe und Knospen einbohren und sie dadurch

zerstören. Sie leben an verschiedenen Obstbäumen, Büschen und Laubbäumen. Bei zahlreichem Auftreten können die Bäume ganz entlaubt werden. Die Verpuppung erfolgt in der Erde und die Puppe kann bis zu fünf Monate liegen bevor der Falter schlüpft. Falter: s. Nr. 186.

358. Birkenspanner, *Biston betularia*
L. bis zu 55 mm. Die Grundfarbe der Raupe variiert von grau über braun zu grün. Sie lebt im Herbst an verschiedenen Laubbäumen und Büschen. Wenn sie gestört wird, richtet sie ihren Körper schräg nach auswärts und hält sich nur mit den hintersten Beinen fest. Sie ist dann kaum von einem Zweig zu unterscheiden. Ähnlich verhalten sich viele Spannerraupen. Falter: s. Nr. 239.

359. Harlekin, *Abraxas grossulariata*
L. bis zu 35 mm. Die Raupe ist allen Gärtnern gut bekannt. Sie lebt besonders gerne an Stachelbeeren *(Ribes grossulariata),* die manchmal vollständig entlaubt werden. Sie kann außerdem an einigen anderen Pflanzen leben, z. B. Schlehen *(Prunus)* und Weißdorn *(Crataegus).* Sie überwintert und verpuppt sich im Mai. Die Verpuppung erfolgt zwischen zusammengesponnenen Blättern. Falter: s. Nr. 217.

360. Kiefernspanner, *Bupalus piniaria*
L. bis zu 20 mm. Die Raupe lebt im Spätsommer an Kiefern *(Pinus)* und kann in gewissen Jahren so zahlreich auftreten, daß die Kiefern alle ihre Nadeln verlieren und stark beschädigt werden. Falter: s. Nr. 245.

361. Weidenbohrer, *Cossus cossus*
L. bis zu 90 mm. Man findet die große rötliche Raupe, die durch ihren eigenartigen an Essig erinnernden Geruch leicht zu erkennen ist, nicht selten. Wenn sie beunruhigt wird, beißt sie und spuckt Nahrungssaft aus. Im Holz von Weiden *(Salix),* Pappeln *(Populus)* und Roßkastanien *(Aesculus)* nagt sie meterlange Gänge, die manchmal einen großen Baum zum Knicken bringen. Sie braucht zwei Jahre zu ihrer Entwicklung und verläßt dann die Nahrungspflanze, um sich an einer geeigneten Stelle im Boden zu verpuppen. Im alten Rom galt die Raupe als große Delikatesse. Falter: s. Nr. 305.

362. Eichenwickler, *Tortrix viridana*
L. bis zu 15 mm. Die Eier überwintern an den Zweigen von Eichen *(Quercus).* Wenn im Frühjahr das junge Laub sprießt, erscheinen auch die jungen Raupen, die grün und schwarz gesprenkelt sind. Sie umspinnen die jungen Blätter und nagen an ihnen. In manchen Jahren können die Raupen so zahlreich sein, daß sie die Kronen der Bäume vollständig entlauben. Der Falter ist nicht abgebildet, er ist hellgrün gefärbt. Andere Wickler sind unter Nr. 272–279 zu finden.

363. Apfelwickler, *Laspeyresia pomonella*
L. bis zu 12 mm. »Würmer« in Äpfeln sind eine wohlbekannte Erscheinung, die nicht gerne gesehen wird. In Wirklichkeit handelt es sich um die blaßgrüne

Raupe des Apfelwicklers, die zur Verpuppung die Frucht verläßt und an einem Seidenfaden zu Boden gleitet. Die Eier wurden vorher in die Blüten der Apfelbäume gelegt. Falter: s. Nr. 279.

364. Widderchen, *Zygaena lonicerae*
L. bis zu 25 mm. Die Raupe lebt im Sommer an Klee *(Trifolium),* Wicken *(Vicia),* Wegerich *(Plantago),* Habichtskraut *(Hieracium)* und anderen Pflanzen. Sie ist sehr auffallend. Der Falter dieser Art ist nicht abgebildet, aber anderen Widderchen-Arten sehr ähnlich. s. Nr. 297–300.

365. Apfelgespinstmotte, *Yponomeuta malinellus*
L. bis zu 15 mm. Die Gespinstmotten sind dadurch gekennzeichnet, daß ihre Raupen in Gesellschaften in dichten Gespinsten zusammenleben. Dort verbringen sie den Tag, während sie nachts die Blätter der Umgebung verzehren. Sie kehren in regelmäßigen Zügen in ihre Gespinste zurück. Dorthin werden sie von Seidenfäden geleitet, die jede einzelne Raupe hinter sich läßt. Einige Arten verpuppen sich in dem Gespinst, andere am Boden. Falter: s. Nr. 308.

366. –, *Fumea casta.*
L. bis 10 mm. Die Raupe lebt in einem Gehäuse, das außen mit Grashalmen, dünnen Zweigstücken und ähnlichem wie ein kleiner Besen bekleidet ist. Zur Verpuppung klettern die Raupen an Bäumen, Mauern und Zäunen in die Höhe und spinnen sich dort fest. Im Mai schlüpfen die geflügelten Männchen, die klein und schwärzlich sind (hier nicht abgebildet), während die flügellosen Weibchen an der Gehäuseöffnung sitzenbleiben. Die Art gehört zur gleichen Familie wie Nr. 316–317.

367. –, *Incurvaria spec.*
L. bis 10 mm. Die Raupe lebt zunächst auf den Blättern von Eiche *(Quercus)* und Buche *(Fagus).* Sie umgibt sich mit einer Hülle aus Blattstückchen und fällt bald zu Boden, wo sie sich von welken, abgefallenen Blättern ernährt. Der Falter ist nicht abgebildet, gehört aber zur gleichen Familie wie Nr. 320–322.

368. Hopfenwurzelbohrer, *Hepialus humuli*
L. bis zu 30 mm. Die weißliche Raupe lebt ausschließlich in der Erde, wo sie Wurzeln, Erdstämme und Knollen verschiedenster Art frißt. Die Raupe einer anderen Art lebt gerne an den Wurzeln von Maiglöckchen, deren Kulturen sie manchmal vollständig zerstören kann. Die Raupe überwintert. Falter: s. Nr. 307.

Register

Das Register umfaßt die deutschen und die wissenschaftlichen lateinischen Namen. Die Zahlen beziehen sich sowohl auf die laufenden Nummern im Abschnitt Artenbeschreibungen als auch auf die gleichen Nummern auf den Farbtafeln. Nur im Text erwähnte Namen sind mit T bezeichnet und der vorstehenden abgebildeten Art zugeordnet. Werden zwei Zahlen gebracht, so bezieht sich die zweite auf die Abbildung der Raupe.

Deutsche Namen

Lateinische Namen

Literatur

Bergmann, A.: Großschmetterlinge Mitteldeutschlands, Bde. 1–5; Jena 1951–1954

Danesch, O. / Dierl, W.: Schmetterlinge, Bd. 2, Belser Bücher Nr. 20; Stuttgart

Eckstein, K.: Kleinschmetterlinge Deutschlands; Stuttgart 1933

Forster, W. / Wohlfahrt, T. A.: Die Schmetterlinge Mitteleuropas, Bde. 1–5; Stuttgart 1952–1975

Harz, K. / Zepf, W.: Schmetterlinge; München 1973

Hering, E. M.: Die Tierwelt Mitteleuropas, Bd. 6, Insekten 3. Teil, Ordnung Lepidoptera; Leipzig 1936

Seitz, A.: Die Großschmetterlinge der Erde, 1. Abteilung Palaearktische Großschmetterlinge 2–4; Stuttgart 1913–1938